电网企业劳模培训系列教材

新型城镇化配电网规划实例

国网浙江省电力有限公司　组编

中国电力出版社
CHINA ELECTRIC POWER PRESS

内 容 提 要

本书是“电网企业劳模培训系列教材”之《新型城镇化配电网规划实例》分册，采用“项目—任务”结构进行编写，劳模跨区培训对象所需掌握的专业知识要点、技术要领、典型案例三个层次进行编排，包括新型城镇化配电网规划总则的确立、五个不同类型的新型城镇化配电网规划知识点讲解及实例展示以及投资估算与成效分析。

本书可供配电网规划从业人员阅读，也可供相关专业的技术人员学习参考。

图书在版编目（CIP）数据

新型城镇化配电网规划实例 / 国网浙江省电力有限公司组编. —北京：中国电力出版社，2018.12

（电网企业劳模培训系列教材）

ISBN 978-7-5198-2539-3

Ⅰ.①新… Ⅱ.①国… Ⅲ.①城市配电网-电力系统规划-中国-技术培训-教材 Ⅳ.①TM727.2

中国版本图书馆 CIP 数据核字（2018）第 243893 号

出版发行：中国电力出版社
地　　址：北京市东城区北京站西街 19 号（邮政编码 100005）
网　　址：http://www.cepp.sgcc.com.cn
责任编辑：王蔓莉（010-63412791）
责任校对：黄　蓓　常燕昆
装帧设计：赵姗姗
责任印制：石　雷

印　　刷：北京时捷印刷有限公司
版　　次：2018 年 12 月第一版
印　　次：2018 年 12 月北京第一次印刷
开　　本：710 毫米×980 毫米　16 开本
印　　张：14
字　　数：199 千字
印　　数：0001—1000 册
定　　价：42.00 元

丛书序

国网浙江省电力有限公司在国家电网公司领导下，以努力超越、追求卓越的企业精神，在建设具有卓越竞争力的世界一流能源互联网企业的征途上砥砺前行。建设一支爱岗敬业、精益专注、创新奉献的员工队伍是实现企业发展目标、践行“人民电业为人民”企业宗旨的必然要求和有力支撑。

国网浙江公司为充分发挥公司系统各级劳模在培训方面的示范引领作用，基于劳模工作室和劳模创新团队，设立劳模培训工作站，对全公司的优秀青年骨干进行培训。通过严格管理和不断创新发展，劳模培训取得了丰硕成果，成为国网浙江公司培训的一块品牌。劳模工作室成为传播劳模文化、传承劳模精神，培养电力工匠的主阵地。

为了更好地发扬劳模精神，打造精益求精的工匠品质，国网浙江公司将多年劳模培训积累的经验、成果和绝活，进行提炼总结，编制了《电网企业劳模培训系列教材》。该丛书的出版，将对劳模培训起到规范和促进作用，以期加强员工操作技能培训和提升供电服务水平，树立企业良好的社会形象。丛书主要体现了以下特点：

一是专业涵盖全，内容精尖。丛书定位为劳模培训教材，涵盖规划、调度、运检、营销等专业，面向具有一定专业基础的业务骨干人员，内容力求精炼、前沿，通过本教材的学习可以迅速提升员工技能水平。

二是图文并茂，创新展现方式。丛书图文并茂，以图说为主，结合典型案例，将专业知识穿插在案例分析过程中，深入浅出，生动易学。除传统图文外，创新采用二维码链接相关操作视频或动画，激发读者的阅读兴趣，以达到实际、实用、实效的目的。

三是展示劳模绝活，传承劳模精神。“一名劳模就是一本教科书”，丛书对劳模事迹、绝活进行了介绍，使其成为劳模精神传承、工匠精神传播的载体和平台，鼓励广大员工向劳模学习，人人争做劳模。

丛书既可作为劳模培训教材，也可作为新员工强化培训教材或电网企业员工自学教材。由于编者水平所限，不到之处在所难免，欢迎广大读者批评指正！

最后向付出辛勤劳动的编写人员表示衷心的感谢！

丛书编委会

前 言

2014年3月，《国家新型城镇化规划（2014～2020年）》正式发布。2014年12月，国家发改委等11个部委联合下发了《关于印发国家新型城镇化综合试点方案的通知》（发改办规划〔2018〕496号），将62个城市（镇）列为国家新型城镇化综合试点地区。经过近几年的发展建设，取得了一定成果，然而随着土地的开发、产业的丰富、人口的聚集，电力能源基础设施的建设也面临更多的挑战。社会经济的发展，离不开可靠的电网保障，是否拥有容量充足、结构合理、调度灵活、安全可靠的现代化电网，关系到一个地方的综合实力。“经济要发展，电力须先行”已成为全社会的共识。在强调经济发展的同时，必须重视配电网基础建设。电网建设是一个复杂而漫长的过程，不仅要解决日益增长的负荷需求与电网建设滞后的矛盾，还要消除在电网运行和使用过程中不断涌现出的缺陷和隐患。如何建设一个供电可靠、结构坚强、运行稳定、易于维护的配电网是摆在电力人面前的重要课题。

配电网规划主要包含现状电网分析、空间负荷预测、规划目标确立、目标网架规划、过渡方案制定、投资效益分析等主要内容。新型城镇化配电网体现的是配电网发展的适应性和差异化，即针对不同的城镇化类型打造不同标准的配电网建设模式，综合反映配电网安全、可靠、经济、优质等各方面性能。本书使用实例结合理论知识讲解、规划导则解读，全方位地向读者展示新型城镇化配电网规划的工作内容全貌，图文结合，帮助读者理解新型城镇化配电网规划的方法与技巧，轻松掌握这项技能。

本书采用“项目—任务”结构进行编写，共设置七个项目，项目一为新型城镇化配电网规划总则的确立，介绍背景知识，以及规划工作的空间、时间、深度等边界条件；项目二到项目六为不同类型的新型城镇化建设中配电网规划知识点讲解及实例展示，包括工业主导型、商业贸易型、旅游开发型、特色农业型和综合型五类城镇。项目七讲解投资估算与成效分析。

本书在编写过程中得到了潘弘、黄庆华、叶润潮、朱昌毅、张海标、刘林萍等专家的大力支持，在此谨向参与本书审稿、业务指导的各位领导、专家和有关单位致以诚挚的感谢！

由于水平与时间的限制，本书不足之处在所难免，敬请广大读者批评指正。

目 录

勤于钻研，每天把工作做得更完美一点！

——劳模何平个人简介

何平

男，1981 年 9 月出生，硕士研究生学历，高级工程师。现为国网嘉兴供电公司能源研究所政策研究室兼技术研究主任。国网浙江省电力有限公司劳动模范，中电联全国输配电技术协作网技术专家，国家电网公司优秀技术专家人才，国家电网公司规划设计管理办公室配电专业委员会委员。从事过变电检修、变配电施工、配电设计等工作。

参与过多项中电联技术标准的制订，并牵头参与 2013 版、2016 版《国家电网公司配电网工程典型设计》和 2014 版《国家电网公司配电网工程通用设备》相关篇章的编制。近年来，获得专利 40 余项，科技项目曾获得浙江省科技进步奖二等奖、国网经研体系科技进步奖一等奖等奖项。

2016 年，其领衔“智能电网劳模创新工作室”始终围绕“创新＋实践”的工作理念。工作室先后命名为浙江省电力有限公司劳模创新工作室示范点、浙江省电力学会科普教育基地及嘉兴市高技能人才创新工作室等称号。

项目一

新型城镇化配电网规划总则的确立

》【项目描述】

本项目主要介绍新型城镇化配电网规划的工作背景、区域范围、工作深度、规划原则以及边界条件等内容。

任务一 了解新型城镇化配电网规划的工作背景

》【任务描述】

本任务主要讲解新型城镇化的定义，介绍新型城镇化配电网规划的工作背景，明确工作指导方针。

》【知识要点】

(1) 新型城镇化的背景；

(2) 新型城镇化配电网规划的概念。

》【技术要领】

一、新型城镇化的背景

城镇化是指人口向城镇集中的过程，这个过程通常表现为两个方面：一方面是城镇数目的增多；另一方面是城市人口规模不断扩大。新型城镇化不是简单的农村转城市，也不是盲目扩大城市规模，而是以城乡统筹、城乡一体、产业互动、节约集约、生态宜居、和谐发展为基本特征的城镇化，是大中小城市、小城镇、新型农村社区协调发展、互促共进的城镇化。

新型城镇化的核心在于不以牺牲农业和粮食、生态和环境为代价，着眼农民，涵盖农村，实现城乡基础设施一体化和公共服务均等化，促进经济社会发展，实现共同富裕。为此，必须控制城镇用地无序扩展，严格控制城镇建设占用耕地，积极盘活存量建设用地，鼓励城镇低效用地再开发，划定城镇开发边界。要以主体功能区规划为基础，统筹各类空间性规划，推进“多规合一”[1]，优化生产、生活、生态空间，推动建设功能好、交通畅、环境优、形象美的新型城镇。

二、新型城镇化配电网规划的工作内容

配电网是指从输电网和各类发电设施接受电能，通过配电设施就地或逐级分配给各类电力用户的110kV及以下的电力网络。配电网是电网的重要组成部分，与城乡规划建设密切相关，是服务民生的重要基础设施，直接面向终端用户，需要快速响应用户需求，具有外界影响因素复杂、地区差异性大、设备数量多、工程规模小且建设周期短等特点。

新型城镇化配电网不是城市配电网，新型城镇化配电网体现的是配电网发展的适应性和差异化，即针对不同的城镇化类型打造不同标准的配电网建设模式，综合反映配电网安全、可靠、经济、优质等各方面性能。

目前，对于新型城镇化配电网没有统一的建设标准，但是T/CEC 103—2016《新型城镇化配电网发展评估规范》和T/CEC 132—2017《新型城镇化配电网建设改造成效评价技术规范》已经明确了新型城镇化配电网应该具有的发展特征和方向，并建立了系统的发展评估和建设改造效果评估指标体系。新型城镇化地区可划分为工业主导型、商业贸易型、旅游开发型、特色农业型和综合型五大类，它们的建设改造效果具有不同的差异化的评分标准，这可以为新型城镇化配电网建设标准提供参考和依据。

新型城镇化配电网规划设计的工作内容是：在国家新型城镇化发展思路的指导下，深入分析配电网现状存在的问题及面临的形势，研究提出配电网发展的指导思想、发展目标、技术原则、重点任务及保障措施，指导配电网建设和改造。一方面，要以经济社会发展为基础，分析配电网发展需求，合理确定总体发展速度、建设和投资规模；另一方面，要根据存在

[1] “多规合一”是指将国民经济和社会发展规划、城乡规划、土地利用规划、生态环境保护规划等多个规划融合到一个区域上，实现一个市县一本规划、一张蓝图，解决现有各类规划自成体系、内容冲突、缺乏衔接等问题。

的具体问题和负荷需求，研究制定目标网架结构、站点布局、用户和电源接入方案等，明确工程项目，以及建设时序和投资。

任务二　确定规划地理范围及规划区基本信息

【任务描述】

本任务主要讲解如何确定配电网规划范围的相关信息，作为配电网现状分析、负荷预测以及配电网规划的边界条件。同时描述规划区地理及经济发展等信息。

【知识要点】

（1）地理范围：明确规划区的地理范围，是规划工作中包括现状评估、负荷预测、网架规划等工作开展的必要边界条件。

（2）电压等级：配电网规划工作涉及的电压等级。通常，配电网规划包含高压配电网规划及中压配电网规划，即110（35）kV及10kV两部分。为评估高压变电站电源建设条件等信息，需要收集部分220kV变电站的位置、负荷、间隔利用等基础资料。部分有条件的地区可实施低压配电网，即380/220V电网的评估和规划工作。

【技术要领】

一、地区地理信息及经济社会发展概况

（1）地区总体情况：介绍本地区的地理位置、行政区划、自然条件、交通条件及资源优势等内容，并给出本地行政区划示意图。

（2）经济社会发展历史：整理本地区统计年鉴等参考资料，介绍并分析5～10年本地区经济和社会发展状况。列表给出主要统计指标，包括行政区土地面积、建成区面积、GDP规模、产业结构、人口规模及城镇化

率等。

(3) 经济社会发展规划：介绍本地区最新总体规划，引述并分析规划期内国民经济和社会发展总体目标、城乡总体规划、土地利用总体规划、产业结构发展趋势以及规划期内的重点建设项目等内容。

二、电网现状评估内容

1. 电网现状概况

(1) 110 (35) kV 电网现状概况：简述本地区及各分区 110 (35) kV 电网整体情况，包括网架结构、变电规模、线路规模及设备运行情况等。

(2) 10kV 电网现状概况：简述本地区及各分区 10kV 电网整体情况，包括网架结构、电网规模、无功配置及设备运行情况等。

(3) 380/220V 电网现状概况：简述本地区 380/220V 电网结构，列写线路主要导线截面，给出本地区及各分区的线路规模。

2. 电网现状评估

(1) 供电质量指标：分区统计供电可靠率、综合电压合格率等供电质量指标；

(2) 网架合理性指标：分区、分电压等级统计设备 $N-1$ 通过率、10kV 主干线路单辐射比例等网架合理性指标；

(3) 供电能力指标：分区、分电压等级统计变电容载比、主变压器和配电变压器负载率、线路负载率等供电能力指标；

(4) 装备水平指标：分区、分电压等级统计 10kV 架空线路绝缘化率、高损耗配变比例、配电自动化终端覆盖率等装备水平指标；

(5) 经济社会性指标：分区统计上轮规划期单位新增负荷投资、综合线损率、各电压等级线损率、一户一表率等经济社会性指标。

评估结论包括主要问题分析，总结配电网存在的主要问题，包括网架结构、供电能力、设备情况、配电网管理、建设环境、建设资金等方面。

三、供电网格划分原则

网格的划分首要考虑因素是保持远景中压网架完整性，即对于远景目标网架来说，一个网格应包含为该网格供电线路的整体，不会出现一回（或几回）线路分隔在几个网格里。网格划分的参考依据主要有以下6点：

（1）地理分布：一般以山体河流以及重要道路等为网格的地理边界，便于区分和集中管理。同时本原则用以避免网格中的线路跨越高速公路、山川河流等进行供电。由于高速公路、山川河流普遍存在较难跨越或通道紧张的问题，为避免线路架设及后续维护的困难，因而将其作为网格边界。

（2）行政区划：原则上同一网格不宜跨越两个或多个行政区，而包含于同一行政区。为便于今后在管理层面清晰独立。至目标年，将不出现同一网格分属于两个或多个供电所或其他电力部门辖区。

（3）地块定位：同一网格所含地块应属于同一定位水平，不宜包含不同定位的地块，如同时含有城镇地块和农村地块。本原则为避免同一网格内，地块负荷差异较大，使得线路负荷分布不均，导致供电半径过长，以及因某一分段容量过高导致负荷转供困难。

（4）负荷性质：结合市政规划用地性质，将相同或相近负荷属性且地理相邻的地块划分到同一网格，尽量做到同一网格的负荷种类最少。一般与城市控制性详细规划中的功能分区划分相对应。本原则为避免同一网格内不同区域适用不同网架典型接线模式，造成较小区域内网架过于多样化，增加管理和维护成本。

（5）地块开发：结合区块开发程度，将开发程度相近的、地理相邻的区块划分到同一网格，便于制定配电网的制定改造原则。本原则为避免同一网格内，地块开发时序存在较大差异，而造成为适应区域负荷特性使得网架建设过程中长期处于过渡阶段。

（6）目标网架：结合远景目标网架和线路供区，将具有电气连接的、与其他线路相对独立的一组或几组接线的供区划分到一个网格。该原则目的是为了保证网格中的联络线路尽可能来自两个不同的上级电源，相互形成清晰独立的接线单元，进而形成独立的网格。在电源点落地之前，部分网格尚不能实现独立供电，或不能实现两路不同电源。则在过渡方案中，对其线路走向进行适当的考量，待新建电源点投运后，对线路进行切割，顺利实现网格供电独立。

任务三　确定分析和规划工作的时间基准

【任务描述】

本任务主要介绍配电网规划的基准年、阶段年及远景年。

【知识要点】

（1）基准年：现状收资水平年。在收集所有现状电网基础资料时，以该年度某时间节点或该年度年底有效数据为准。

（2）远景年：至远景年，视为规划区所有地块均按照土地规划完成开发，规划区负荷达到饱和水平；所有高压变电站落成投运，变电容量达到终期规模；中压配电网完成所有新建及改造项目，达到目标网架。

（3）阶段年：基准年与远景年中间的年度。用地呈现出未开发、在（待）建、开发初期、开发中期和完全开发等不同阶段，按照建设计划和自然增长规律，用电负荷有一定程度提升，但尚未达到饱和水平。阶段年安排配电网近期规划建设项目。

任务四　确定负荷预测深度

【任务描述】

本任务主要讲解负荷预测工作目标的确立，明确负荷预测工作的预测内容和预测年限。

【知识要点】

（1）负荷预测的空间维度：负荷预测结果必须包含规划区内所有区域

的负荷值，从而指导配电网规划建设规模。精细化空间负荷预测的精细程度，受限于规划区内收资的具体情况。土地使用信息越完善，空间负荷分布越有条件精细化。

(2) 负荷预测的时间维度：包含远景年负荷和近期逐年负荷值。近期逐年负荷形成将现状负荷和远景饱和负荷相连接的平滑曲线，曲线的弧度与弯折方向根据地区不同开发情况而呈现出不同形态。

【技术要领】

电力需求预测的工作内容如下：

(1) 历史数据分析：统计电力负荷和电量的历史数据，分析规划区负荷和电量的变化趋势；给出年负荷曲线和典型日负荷曲线，结合曲线分析电网负荷特性和参数的变化情况。

(2) 电量预测：根据电量历史数据，结合经济社会发展，选用合适的预测方法进行用电量预测，提出高、中、低方案，并给出推荐方案；进行本地区及各分区逐年的用电量及增长率、用电量增长趋势的分析等。

(3) 电力负荷预测：根据负荷的历史数据，结合用电量预测结果，选用合适的预测方法进行电力负荷预测，包括开展空间负荷预测、近期及饱和负荷预测。提出高、中、低方案，并给出推荐方案；进行本地区及各分区逐年的最大负荷及增长率、负荷增长趋势的分析，可包括水平年典型日负荷曲线和年负荷曲线等。

任务五　确定新型城镇化配电网规划的目标和技术原则

【任务描述】

本任务主要介绍配电网规划的目标和技术原则。

【技术要领】

一、规划目标

根据负荷预测，结合配电网的现状，针对不同类别的供电区类型，分别提出配电网在规划期内应实现的总体目标，并根据总体目标提出到规划期末应达到的相关指标，阐述规划期内要重点解决的问题。为便于实现远近结合，通过远期目标指导近期规划建设，可在先提出远景目标的基础上，给出规划期内应达到的目标。

二、主要技术原则

（1）110（35）kV 电网规划的主要技术原则：主要就容载比、电网结构、建设标准和建设形式、主要设备选型和装备水平等方面提出相关技术原则。

（2）10kV 电网规划的主要技术原则：主要就电网结构、典型接线形式、供电半径、分区供电方式、建设标准和建设形式、主要设备选型和装备水平等方面提出相关技术原则。

（3）380/220V 电网规划的主要技术原则：根据地区功能定位和区域类型划分，提出 380/220V 架空线路和电缆线路的导线截面、典型接线形式、供电半径，以及低压配电装置选型等方面的技术原则。

任务六　确定配电网规划的内容及流程

【任务描述】

本任务主要讲解配电网规划的内容及流程。

【技术要领】

一、远景配电网规划工作目标及重点

远景配电网规划应将城市配电网建设成为网架坚强、结构合理、适度超前、适应性强、安全可靠、调度灵活、装备精良、电能优质、技术指标先进、经济性优、自动化程度高、与城市发展定位相适应的现代化电网。针对这个远景规划的要求，规划方案编制目标也需有明确的规定。

1. 远景配电网规划工作的具体目标

远景配电网规划的工作目标不是解决配电网规划中具体问题，而是对配电网最终发展的宏观控制，具体包括：

(1) 确定配电网的目标网架结构。

(2) 最终配电网所需站点土地和通道资源的宏观控制。

(3) 确定配电网建设的最终建设规模。

(4) 确定配电网所需得到的目标技术指标。

(5) 估计配电网最终的投资总量和运行经济性。

2. 远景配电网规划的工作重点

远景配电网规划的工作细化至配电网的主要节点，即由 110 (35) kV 变电站及其进线、110 (35) kV 变电站 10kV 出线组成的主干配电网，工作内容包括：

(1) 远景配电网相关规划技术目标的确定。

(2) 选择配电网的目标接线模式。

(3) 确定配电网设备的选取，包括变电站、开关站、配电站、环网柜等配电设备的规格，架空线路及电缆线路的选用、线路型号、截面的选取。

(4) 提出远景配电网规划的具体方案，给出配电网所需土地和通道资源控制要求。

(5) 规划方案的技术经济分析，确定规划方案的技术运行情况是否满足目标，给出最终建设规模和投资总量。

二、近期配电网规划工作目标及重点

近期配电网规划应重点解决配电网现存的主要问题，增加供电能力，降低电网损耗，改进电能质量，提高供电可靠性，完善用户的需求侧管理，并按近期城市的建设开发情况和负荷增长的需求，有目的地提出逐年的新建和改造项目，从而适应区域经济快速发展和城市建设对电力的需求。

1. 近期配电网规划工作的具体目标

近期配电网规划可视为在现状配电网基础上的建设延续，规划方案的编制与现状配电网本身的网架结构、现状配电网存在的问题、用户业扩工程、规划区近期城市开发项目、规划及建设中的变电站等多种实际的情况有关，这些情况既具体又现实存在，因而近期配电网规划是一项细致的工作。

另外，近期配电网规划需体现现状配电网向远景配电网发展的过程，即规划方案中接线模式的改造以远景配电网网架结构为基础，具体规划细节上如新建开关站、环网室（箱）的站址、新建主干线路的走向、线路线径等应尽量与远景规划方案保持一致。

可见，近期配电网规划的工作目标是一种微观的、具体的配电网建设发展控制，规划方案应与现实的情况更为接近，更具操作性，为近期配电网建设提供明确的建设、改造、优化方案，其具有以下具体工作目标：

(1) 给出现状配电网中存在问题的改造方案。

(2) 给出新建开发地区的配电网建设方案。

(3) 与近期变电站规划相适应，提出变电站基建站的出线方案。

(4) 确定配电网建设的近期建设规模。

(5) 确定近期配电网所需提高的技术指标。

(6) 估计配电网近期的投资总量。

2. 近期配电网规划的工作重点

根据近期电网的细致性和规划工作的具体目标，规划工作必须开展至配电网的末端，其工作深度可视为近期配电网建设的详细方案，更趋向于配电网的实施方案。

在具体典型区域的规划中，近期配电网规划的工作深度开展至规划区高中压配电网各个部分，工作内容包括：

(1) 提出近期配电网相关技术指标提高的具体目标。

(2) 选择配电网的近期过渡接线模式。

(3) 提出近期配电网规划的具体方案，给出配电网各类建设项目的实施过程。

(4) 规划方案的技术、经济分析，确定规划方案的各项技术指标是否得到提升，给出建设的近期建设规模和投资总量。

在具体区域配电网规划中，近期配电网规划虽然是配电网具体实施方案编制过程，但需要综合考虑各方面的因素，尤其是改造、建设、优化的综合体现。如在具体编制方案时，基建站的建设不仅应考虑新出线路，而且需考虑对已有线路的改造，做到新建一座变电站优化一个地区配电网的效果。同时，由于近期配电网规划涉及用户业扩工程的具体情况，对于不同的工业用户接入方案，配电网的规划方案也有所差异。

另外，近期配电网规划中提出的具体建设和改造项目，受用户情况、资金条件、变电站的投运时间、现状配电网条件等因素的制约，可能无法给出具体的项目建设时间，并且由于配电网具有较强的可变性，近期逐年的规划方案可视具体情况进行调整。此时，可运用精准投资的项目库理念，将现状至近期目标年中所有项目形成近期配电网建设项目库，即给出为实现近期规划目标所应开展的所有项目，以供规划人员按各年度的实际情况进行选择，使近期配电网规划的实施具有较强的灵活性。

三、配电网规划流程

配电网规划工作流程和远景、近期配电网闭环流程如图 1-1、图 1-2 所示。

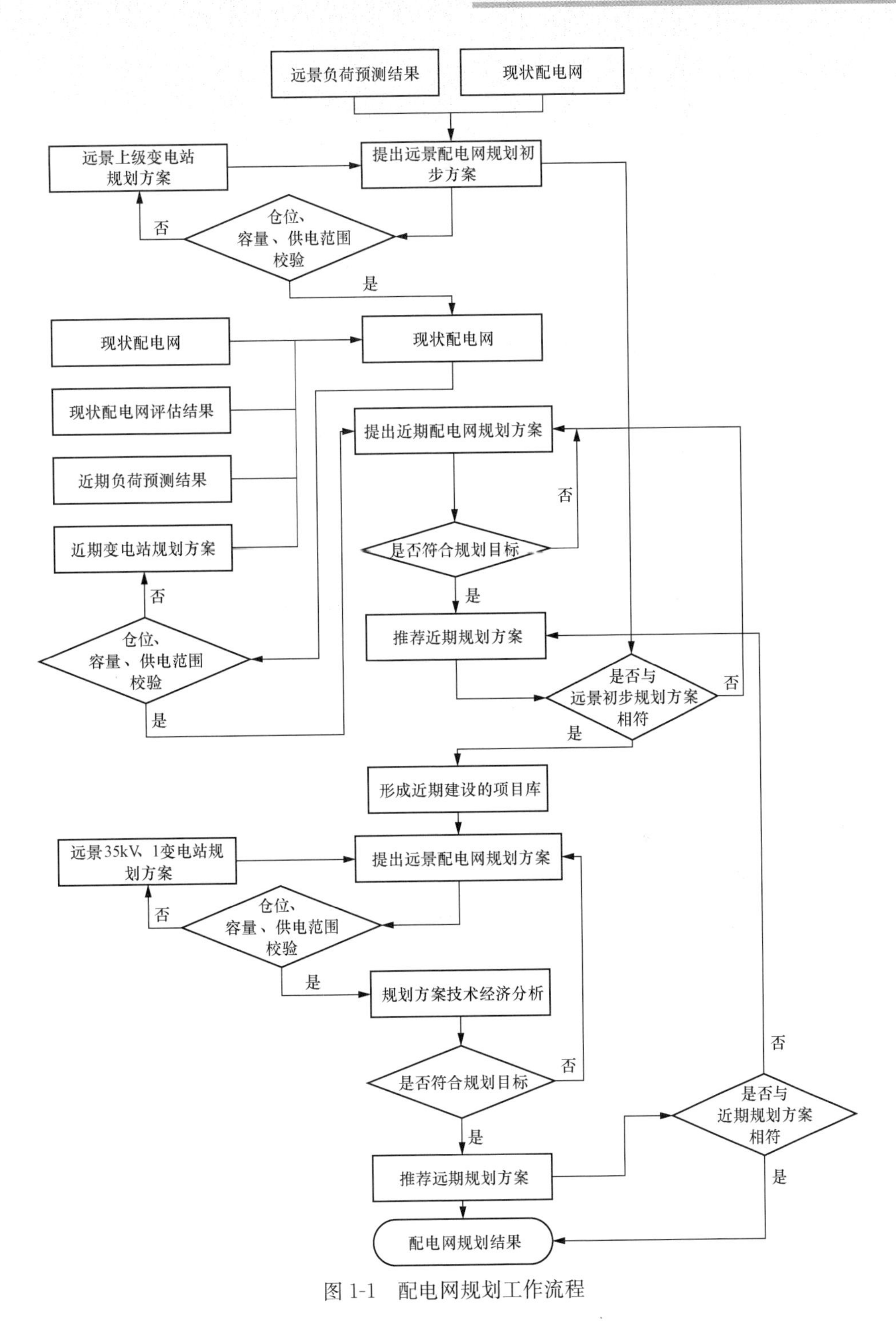

图 1-1　配电网规划工作流程

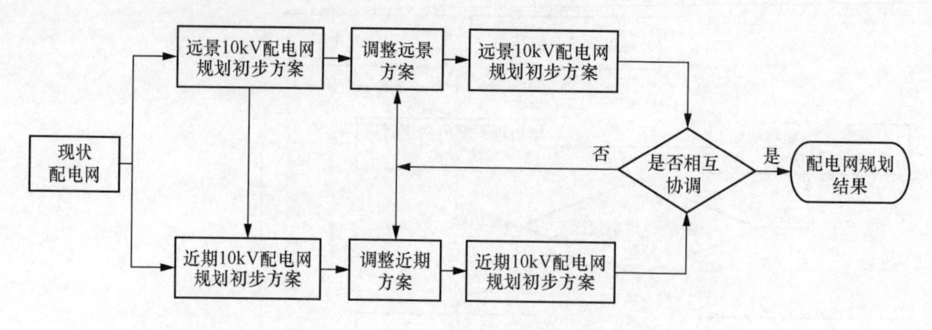

图 1-2 远景、近期配电网闭环流程

项目二

工业主导型城镇配电网规划

【项目描述】

本项目介绍工业主导型城镇高中压配电网的特点，以及规划的内容、步骤与方法。

任务一　工业主导型城镇配电网现状评估

【任务描述】

本任务针对工业主导型城镇现状配电网进行调研，分析配电网网架结构、运行指标、设备状况等方面的实际情况，找出配电网存在的问题。最终，以问题为导向，指导近、远期配电网规划方案的编制。

【知识要点】

1. 评估体系

配电网评估体系包含配电网设备水平、网架结构、供电质量等技术指标，用以体现配电网健康水平、供电能力、网架适应性等方面的优势与不足。

2. 数据处理的要求

(1) 逻辑统一性：数据资料的逻辑关系须前后一致，不应出现矛盾。

(2) 时效统一性：用于分析的现状数据必须是已经发生的历史数据，或某一时刻的静态数据。统一类型的或相互关联的数据必须具有相同的时效性。

【技术要领】

一、评估体系建立

不同阶段和不同电压等级配电网评估的指标由于评估的对象和目的不

同，其可能存在一定的差异，但对配电网整体而言，其优劣直接反映在配电网的安全可靠性、经济性、适应性和协调性等方面。配电网评估的指标体系如图 2-1 所示。

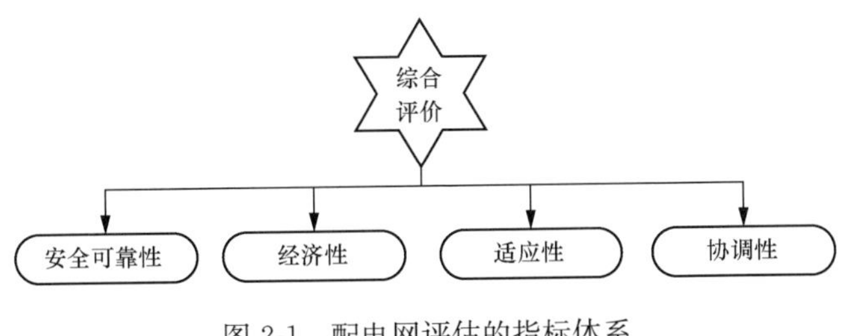

图 2-1　配电网评估的指标体系

1. 供电安全可靠性

供电安全可靠性指配电网的不间断供电能力和从电网结构上对用户供电安全性的保障。在评价配电网供电安全可靠性时，既要分析电网 $N-1$ 能力等基本可靠性指标，也要考虑所有对安全可靠运行产生影响或可能存在隐患的因素。

2. 经济性

经济性评价是保障配电网建设项目决策科学化、减少和避免决策失误、提高项目经济效益的重要手段。由于配电网规划工作持续周期长，并且涉及诸多使用寿命不同的投资项目，需要对配电网建设和运行中涉及的费用支出和收益等相关内容进行归类分析。电网经济性主要是从网损率、设备利用率、静态建设经济性和动态建设经济性方面，详细分析配电网投资在配电网运行和资金流动过程中带来的供电满足程度和经济效益。

3. 适应性

适应性评价是为了判断配电网是否满足今后的地区发展及负荷发展需求，良好的适应性体现配电网不仅能够满足现阶段用户用电需求，而且能够适应负荷发展需要的裕度。

4. 协调性

由于配电网是整体，同一电压等级配电网的局部负荷过重或过轻，都会给电网的安全、可靠和经济供电造成巨大影响；不同电压等级配电网之间也需要良好配合，否则网络较弱的配电网将会削弱网络较强的配电网的供电水平，由此提出配电网评估的协调性指标。

根据配电网分析的相关经验可知，在以上四个指标中，配电网供电可靠性和经济性具有决定性作用，因而在评价体系中供电可靠性和经济性作为关键性中间层指标。

二、配电网现状评估资料收集

（1）设备数据：包括变电站布点、变电容量、间隔使用情况，中压线路数量、规模，导线的类型与截面，配电变压器的设备型号、数量与容量等。这些数据用于体现配电网规模和设备水平情况。

（2）网架结构：包括高压网架结构和中压配电网结构。网架结构体现接线模式的规范性与合理性，以及中压线路供电半径情况等信息。

（3）负载情况：包括变电站负载、线路负载和配电变压器负载数据，对设备负载率水平加以统计。可结合网架结构，对负荷转移情况进行分析。

以上三类数据中，设备数据可以从配电网运维管理系统、PMS 1.0、PMS 2.0 等系统中查询设备清单和设备台账；网架结构可以查看 GIS、PMS 1.0、PMS 2.0 等系统中的配电网地理图，结合当年度电网运行方式得出；负荷情况可以由 SCADA 系统查询得到。

由于各个配电网信息系统的数据更新存在不同程度的滞后，因此，所有由系统导出的资料均需要与供电公司相应专职核对，确认其有效性后，才能作为现状数据使用。

三、数据处理及指标计算

对初步收集到的数据进行精细化处理是评估工作的重要环节。由电力部门提供或由系统内导出的数据其中一部分是较为基础的设备数据，而配电网评估所需的数据需由基础数据计算得出。

由于不同部门对于同一指标数据的界定与统计方式存在差异，各部门的数据口径不统一，造成不同部门提供的数据之间出现逻辑性矛盾，如在线路回数上，规划条线按变电站出线数量确定为线路回数，运检条线则按线路设备数量确定为线路回数，两者之间数据差别。因此，需要对计算过程中的数据以及计算结果进行核对，并在有必要的情况下对数据加以修正。资料收集与数据处理工作流程如图 2-2 所示。

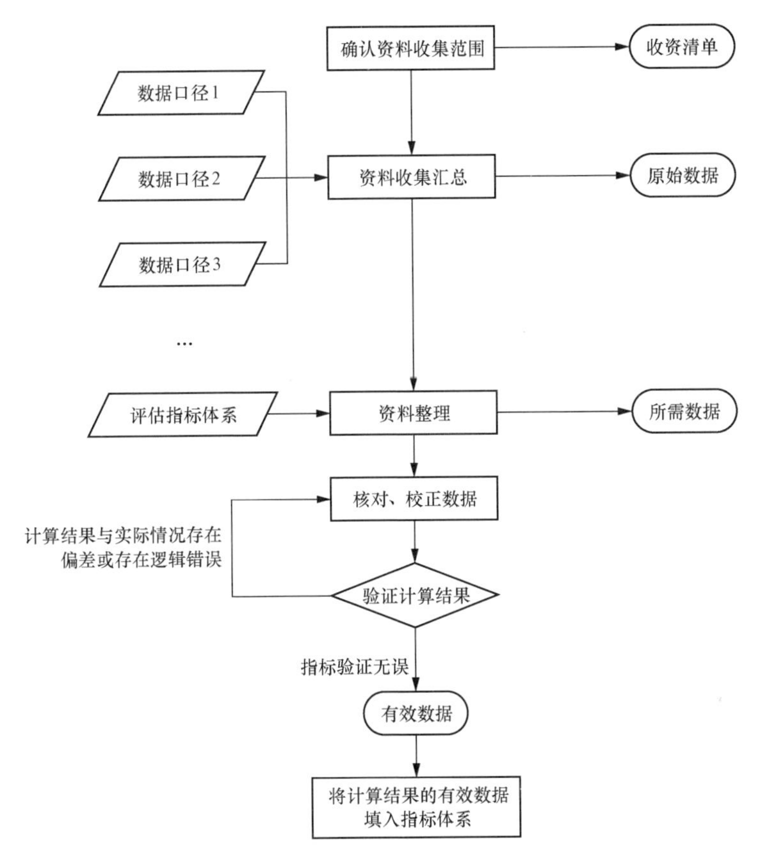

图 2-2　资料收集与数据处理工作流程图

【典型实例】

一、高压电网现状分析

典型实例区内有 110kV 变电站 5 座，主变压器 11 台，总容量 520MVA。典型实例区中变电站设备统计情况如表 2-1 所示。

表 2-1　　变电站设备统计情况

<table>
<tr><th>序号</th><th>变电站名称</th><th>电压等级
(kV)</th><th>主变压器
编号</th><th>主变压器容量
(MVA)</th><th>变电容量
(MVA)</th><th>投运时间
(年)</th></tr>
<tr><td rowspan="2">1</td><td rowspan="2">虹阳变电站</td><td rowspan="2">110</td><td>1号</td><td>50</td><td rowspan="2">100</td><td>2013</td></tr>
<tr><td>2号</td><td>50</td><td>2013</td></tr>
<tr><td rowspan="2">2</td><td rowspan="2">金鱼变电站</td><td rowspan="2">110</td><td>1号</td><td>50</td><td rowspan="2">100</td><td>2006</td></tr>
<tr><td>2号</td><td>50</td><td>2008</td></tr>
<tr><td rowspan="3">3</td><td rowspan="3">南汇变电站</td><td rowspan="3">110</td><td>1号</td><td>40</td><td rowspan="3">120</td><td>2001</td></tr>
<tr><td>2号</td><td>40</td><td>2002</td></tr>
<tr><td>3号</td><td>40</td><td>2009</td></tr>
<tr><td rowspan="2">4</td><td rowspan="2">田乐变电站</td><td rowspan="2">110</td><td>1号</td><td>50</td><td rowspan="2">100</td><td>2009</td></tr>
<tr><td>2号</td><td>50</td><td>2014</td></tr>
<tr><td rowspan="2">5</td><td rowspan="2">王江泾变电站</td><td rowspan="2">110</td><td>1号</td><td>50</td><td rowspan="2">100</td><td>2005</td></tr>
<tr><td>2号</td><td>50</td><td>2005</td></tr>
</table>

典型实例区内变电站站点示意图如图 2-3 所示。

1. 变电站负载率分析

典型实例区内变电站负载率情况如表 2-2 所示。

表 2-2　　变电站负载率情况

序号	变电站名称	电压等级 (kV)	变电容量 (MVA)	最大负荷 (MW)	最大负载率 (%)
1	虹阳变电站	110	100	24.14	22.93
2	金鱼变电站	110	100	59.00	56.05
3	南汇变电站	110	120	38.97	30.85
4	田乐变电站	110	100	22.29	46.48
5	王江泾变电站	110	100	69.08	65.63

由表 2-2 可知，现状区域内 110kV 电网容载比为 2.44，可见整体供电能力充足。但是，从变电站来看，王江泾变电站供电能力已凸显不足，整站负载率为 65.63%，金鱼变电站的负载率为 56.05%，相对较重。其他变电站负载较轻，供电裕度较大。

图 2-3 典型实例区内变电站站点示意图

2. 10kV 间隔利用情况分析

典型实例区内变电站 10kV 间隔利用情况如表 2-3 所示。

表 2-3 **变电站 10kV 间隔利用情况**

序号	变电站名称	变电容量（MVA）	10kV 已用间隔数（个）	10kV 间隔总数（个）	间隔利用率（%）	变电站负载率（%）
1	虹阳变电站	100	12	24	50.00	22.93
2	金鱼变电站	100	22	27	85.19	56.05
3	南汇变电站	120	21	28	75.00	30.85

续表

序号	变电站名称	变电容量（MVA）	10kV已用间隔数（个）	10kV间隔总数（个）	间隔利用率（%）	变电站负载率（%）
4	田乐变电站	100	10	24	41.67	46.48
5	王江泾变电站	100	30	30	100.00	65.63
合计			95	133	71.43	

由表2-3可知，典型实例区内的110kV变电站中压出线总间隔数为133个，已用95个，间隔利用率为71.43%。其中，王江泾变电站已无剩余间隔，田乐变电站和虹阳变电站剩余间隔充裕。

3. 高压网架结构分析

典型实例区内高压网架结构示意图如图2-4所示。

图2-4 典型实例区内高压网架结构示意图

由图 2-4 可知，实例区内高压电源为 220kV 正阳变电站、220kV 秀水变电站和 2 座 110kV 热电厂，主供镇内 5 座 110kV 变电站，分别为王江泾变电站、田乐变电站、南汇变电站、虹阳变电站和金鱼变电站。依托这 4 个电源点，110kV 网架主要形成了双辐射和非典型接线模式，网架比较薄弱。

二、中压电网现状分析

典型实例区现状共有 10kV 线路 95 回，其中 10kV 公用线路 84 回。10kV 公用线路总长度为 605.61km，其中绝缘线路长度为 511.58km，电缆线路长度为 94.03km；绝缘化率和电缆化率分别为 100%和 15.53%；10kV 公用线路平均主干线长度为 3.83km。共有 10kV 配电变压器 1850 台，总容量为 582.69MVA；其中 10kV 公用变压器 998 台，容量为 266.57MVA。中压线路平均最大负载率为 34.75%，配电变压器平均最大负载率为 29.25%，环网率为 92.86%。

典型实例区中压配电网综合统计表如表 2-4 所示。

表 2-4　典型实例区中压配电网综合统计表

区域名称		典型实例区
中压线路数量（回）	其中：公用	84
	专用	11
	合计	95
中压线路长度	绝缘线（km）	511.58
	裸导线（km）	0
	电缆线路（km）	94.03
	总长度（km）	605.61
线路采用主要导线型号	架空线	JKLYJ-240、JKLYJ-185
	电缆导线	YJV-3×400、YJV-3×300、YJV-3×240
平均主干线长度（km）		3.83
电缆化率（%）		15.53

续表

区域名称		典型实例区
绝缘化率（%）		100
公用线路挂接配电变压器总数	台数（台）	1850
	容量（MVA）	582.69
	其中：公变（台）	998
	容量（MVA）	266.57
线路平均装接配电变压器数	台数（台/线路）	22
	容量（MVA/线路）	6.94
中压线路平均最大负载率（%）		34.75
配电变压器平均最大负载率（%）		29.25
环网率（%）		92.86

（一）电网结构及供电能力评估

1. 总体情况统计

典型实例区配电网结构评估总体情况统计如表2-5所示。

表2-5　典型实例区中压配电网结构评估总体情况统计表

序号	变电站名称	线路名称	电压等级	线路结构	分段数	$N-1$校验	故障转供负荷比例	联络线路名称1	联络线路名称2	联络线路名称3
1	虹阳变电站	YY 6G2线	10kV	单联络	2	是	100	FT 160线	—	—
2	虹阳变电站	SB 6G1线	10kV	单联络	1	是	100	YJ 167线	—	—
3	虹阳变电站	XX 6G5线	10kV	单联络	2	是	100	GT 157线	—	—
		……								

由表2-5可知，典型实例区现状84回10kV公用线路中有6回为单辐射线路，环网率为92.86%；共有12回线路不能满足$N-1$校验，其中6回为环网、联络线路，$N-1$通过率为85.71%。典型实例区供电能力评估情况统计表如表2-6所示。

表 2-6　　典型实例区供电能力评估情况统计表

序号	变电站名称	线路名称	电压等级	供电分区	供电半径（km）	线路最大负载率（%）	配电变压器最大负载率（%）
1	虹阳变电站	YY 6G2 线	10kV	B	4.57	0.73	0.85
2	虹阳变电站	SB 6G1 线	10kV	B	2.28	15.85	46.82
3	虹阳变电站	XX 6G5 线	10kV	C	4.57	23.42	27.58
		……					

根据 DL/T 5729—2016《配电网规划设计技术导则》的规定，B 类供区的供电半径不得超过 3km，C 类供区不得超过 5km。由表 2-6 可知，典型实例区现状 84 回 10kV 公用线路中，B 类线路有 26 回，其中有 16 回线路供电半径大于 3km；C 类线路有 58 回，其中有 12 回线路供电半径大于 5km。由此可见，10kV 线路平均供电半径为 3.83km；共有 8 回线路最大负载率大于等于 80%，其中北湾 2A4 线负载率为 100.47%，属过载。

2. 问题汇总

根据以上对各接线单元的分析，对存在问题的线路进行汇总，并分析产生问题的原因，具体如下。

(1) 线路结构。典型实例区内现状共有 10kV 公用线路 84 回，其中单辐射线路 6 回，联络、环网线路 78 回。现状联络、环网线路中不符合典型接线模式的线路有 4 回，主要有架空线和电缆混合联络接线，同杆线路联络等。典型实例区不符合规范供电模式的线路明细如表 2-7 所示。

表 2-7　　典型实例区不符合规范供电模式的线路明细表

序号	变电站名称	线路名称	电压等级	线路结构	备注
1	虹阳变电站	ZJ 6G7 线	10kV	双联络	架空线及电缆混合联络
2	金鱼变电站	LA 1A6 线	10kV	单联络	架空线及电缆混合联络
3	金鱼变电站	SH 1A2 线	10kV	多联络	同杆联络
4	金鱼变电站	TQ 2A0 线	10kV	多联络	同杆联络

(2) $N-1$ 校验。现状 84 回 10kV 公用线路中共有 12 回线路不能满足 $N-1$ 校验，其中 6 回为单辐射线路，联络、环网线路中有 6 回不能满足 $N-1$ 校验。典型实例区内 $N-1$ 校验不合格的联络线路明细如表 2-8 所示。

表 2-8　　典型实例区 $N-1$ 校验不合格的联络线路明细表

序号	变电站名称	线路名称	导线型号（mm^2）	线路负载率（%）	转供负荷比例（%）	联络线路	导线型号（mm^2）	线路负载率（%）
1	虹阳变电站	RQ 7G1 线	YJV-3×300、JKLYJ-240	59.12	26.6	FM 149 线	YJV-3×300、JKLYJ-185	84.27
2	金鱼变电站	XZ 2A1 线	YJV-3×240、JKLYJ-185	90.18	35.64	HC 968 线	YJV-3×240、JKLYJ-185	67.86
3	南汇变电站	HA 935 线	YJV-3×400、JKLYJ-240、JKLYJ-185	42.03	95.67	HD 926 线	YJV-3×300、JKLYJ-185	59.79
		……						

联络、环网线路不能通过 $N-1$ 校验的主要原因是线路本身负载率偏高，或者是对端联络线路负载率较高，互相之间没有能力接受负荷的转移；次要原因是联络线路规格不匹配，即互相联络的线路其限额电流相差较大。

(3) 分段情况。通过对各接线单元线路分段数量和分段容量的分析可知，典型实例区内现状 84 回 10kV 公用线路中有 17 回不符合《国网浙江省电力公司 10kV 配电网典型供电模式技术规范》关于线路分段数量和分段容量的要求。典型实例区内 10kV 线路主干分段装接容量不符合要求的线路明细如表 2-9 所示。

表 2-9　　典型实例区 10kV 线路主干分段装接容量不符合要求的线路明细表

序号	变电站名称	线路名称	第一分段容量（kVA）	第二分段容量（kVA）	第三分段容量（kVA）	第四分段容量（kVA）
1	虹阳变电站	YY 6G2 线	100	4900	—	—
2	虹阳变电站	RQ 7G1 线	3190	4545	—	—
3	虹阳变电站	HG 6G4 线	4280	4090	—	—
		……				

（4）供电半径。根据《配电网规划设计技术导则》的要求，B类供电区的供电半径不应大于3km，C类供电区的供电半径不应大于5km。典型实例区内供电半径过长线路统计明细如表2-10所示。

表2-10 典型实例区供电半径过长线路明细表

序号	变电站名称	线路名称	供电分区	供电半径（km）
1	虹阳变电站	YY 6G2线	B	4.57
2	虹阳变电站	XX 6G5线	B	4.57
3	金鱼变电站	XH 3A4线	C	7.41
		……		

由表2-10可知，典型实例区现状B类线路共有29回线路供电半径大于3km，C类线路共有8回线路供电半径大于5km，主要原因：① 存在部分变电站供电范围交叉的现象；② 部分区域无上级电源点，且负荷离电源点较远。

（5）线路负载率。典型实例区10kV线路重、轻载明细如表2-11所示。

表2-11 典型实例区10kV线路重、轻载明细表

序号	变电站名称	线路名称	线路最大负载率（%）	配电变压器台数（台）	配电变压器容量（kVA）	接线方式
1	虹阳变电站	YY 6G2线	0.73	2	5000	单联络
2	虹阳变电站	SB 6G1线	15.85	9	1985	单联络
3	虹阳变电站	HY 7G2线	3.20	16	4980	单联络
		……				

由表2-11可知，典型实例区现状共有8回线路负载率大于80%，属于重载，有一回线路超过100%，属于过载；共有40回线路负载率小于30%，属于轻载。

（6）配电变压器负载率。典型实例区10kV公用线路装接配变平均最大负载率为29.25%，整体来看，10kV配电变压器利用率较低。典型实例区

10kV线路配电变压器最大负载率分布如表2-12所示。

表2-12 典型实例区10kV线路配电变压器最大负载率分布表

负载率（%）	0～30	30～50	50～80	80～100	>100
线路回数（回）	49	24	9	2	0
所占比例（%）	58.33	28.57	10.71	2.38	0

由表2-12可知，超过一半的现状10kV线路配电变压器最大负载率主要分布在30%以内，占线路总数的58.33%。配电变压器利用率低的原因主要有两个：一是存在备用配变，二是线路负荷较轻。

（二）装备水平评估

典型实例区配电网线路评估情况如表2-13所示。

表2-13 典型实例区配电网线路评估表

序号	变电站名称	线路名称	电压等级	线路总长度（km）	主干线长度（km）	主干线型号	一级分支线型号	绝缘线长度（km）	电缆长度（km）	投运时间（年）
1	虹阳变电站	YY 6G2线	10kV	4.80	4.57	YJV-3×300、JKLYJ-240	YJV-3×240、JKLYJ-240	4.54	0.26	2013
2	虹阳变电站	SB 6G1线	10kV	4.02	2.28	YJV-3×300、JKLYJ-185	JKLYJ-70	3.87	0.15	2013
3	虹阳变电站	XX 6G5线	10kV	8.35	4.57	YJV-3×300、JKLYJ-185	YJV-3×240、JKLYJ-185、JKLYJ-70	8.15	0.20	2013
		……								

下面将从导线截面、主干线与联络线路截面匹配、运行年限、绝缘化率和电缆化率、线路配电变压器装接容量5个方面进行分析。

（1）导线截面。导线型号的选择应考虑设施标准化，10kV架空线路主干截面宜采用240mm²和185mm²，分支线截面应采用150mm²，末级分支线截面应采用70mm²；10kV电缆线路主干截面宜采用400mm²、300m²，支线电缆截面应采用70mm²。由表2-13可知，典型实例区现状10kV电缆线路主干截面以185mm²和240mm²为主，架空线路主干截面主要以150mm²和120mm²为主，84回10kV公用线路中仅有36回线路主干截面符合 DL/T 5729—2016《配电网规划设计技术导则》的要求。

（2）主干线与联络线截面匹配。对于有联络的线路，联络线路段的负荷输送能力将直接影响负荷转移的能力。典型实例区联络线路型号统计如表 2-14 所示。

表 2-14　　典型实例区联络线路型号统计表

序号	变电站名称	线路名称	线路主干型号	联络线型号	对端联络线路名称	联络对端主干型号
1	虹阳变电站	YY 6G2 线	YJV-3×300、JKLYJ-240	JKLYJ-185	范滩 160 线	YJV-3×240、JKLYJ-185、JKLYJ-70
2	虹阳变电站	SB 6G1 线	YJV-3×300、JKLYJ-185	JKLYJ-185	云锦 167 线	YJV-3×240、JKLYJ-185
3	虹阳变电站	XX 6G5 线	YJV-3×300、JKLYJ-185	JKLYJ-185	古唐 157 线	YJV-3×240、JKLYJ-185
		……				

由表 2-14 可知，典型实例区有 9 回线中不符合要求的联络线型号为 JKLYJ-70mm^2，联络线路小于线路的主干线型号，在线路发生故障时，无法转移全部负荷至对端联络线路。

（3）运行年限。典型实例区线路运行年限分布如表 2-15 所示。

表 2-15　　典型实例区线路运行年限分布表

投运年限	0～5 年	5～10 年	10～15 年	15～20 年	20 年以上
混合线路（回）	19	17	27	16	1
电缆（回）	3	0	1	0	0
合计（回）	22	17	28	16	1

由表 2-15 可知，典型实例区现状 10kV 线路运行年限大都在 20 年以内，仅有 1 回线路运行年限超过 20 年，整体运行情况良好。

（4）绝缘化率和电缆化率。线路绝缘化率和电缆化率的高低是城市电网建设的重要评价标准，考虑到城市发展建设水平，随着实例区建设步伐的加快和负荷的发展，以及对供电可靠性要求的提高。典型实例区线路绝缘化率和电缆化率如表 2-16 所示。

表 2-16　　典型实例区线路绝缘化率和电缆化率

架空线路长度（km）		电缆线路（km）	总长度（km）	电缆化率（%）	架空绝缘化率（%）
裸导线	绝缘线				
0	511.58	94.03	605.61	15.53	100

典型实例区 10kV 线路电缆化率为 15.53%，架空线路绝缘化率为 100%。

（5）线路配电变压器装接容量。典型实例区配电变压器评估情况统计如表 2-17 所示。

表 2-17　　典型实例区配电变压器评估情况统计表

序号	变电站名称	线路名称	配电变压器总台数			配电变压器总容量（kVA）		
			公用变压器	专用变压器	总计	公用变压器	专用变压器	总计
1	虹阳变电站	YY 6G2 线	1	1	2	100	4900	5000
2	虹阳变电站	SB 6G1 线	6	3	9	1490	495	1985
3	虹阳变电站	XX 6G5 线	9	7	16	1320	3660	4980
		……						

1）专用变压器与公用变压器统计。典型实例区现状共有 10kV 配电变压器 1850 台，总容量 582.69kVA，其中公用变压器 998 台，容量 266.57kVA；公用变压器和专用变压器台数比例分别为 54%和 46%；公用变压器和专用变压器容量比例分别为 46%和 54%。

2）线路配电变压器装接容量统计。典型实例区线路配电变压器装接容量分布如表 2-18 所示。由表 2-18 可知，典型实例区共有 12 回线路配电变压器装接容量大于 12000kVA，占线路总数的 14.29%。具体如表 2-19 所示。

表 2-18　　典型实例区线路配电变压器装接容量分布表

配电变压器容量（kVA）	0～4000	4000～8000	8000～12000	12000 以上
线路回数（回）	25	32	15	12
所占总数比例（%）	29.76	38.10	17.86	14.29

表 2-19　　　　线路配电变压器装接容量大于 12MVA 统计表

序号	变电站名称	线路名称	配电变压器总台数			配电变压器总容量（kVA）			线路最高负载率（%）
			公用变压器	专用变压器	总计	公用变压器	专用变压器	总计	
1	虹阳变电站	HS 7G4 线	20	16	36	4790	7685	12475	94.55
2	金鱼变电站	XH 3A4 线	45	16	61	9730	3550	13280	57.05
3	金鱼变电站	SY 1A1 线	21	44	50	5450	15445	20895	80.32
		……							

线路配电变压器装接容量大是线路重载的重要因素，由表 2-19 可知，12 回线路配电变压器装接容量大于 12MVA 的线路中有 5 回线路负载率大于 80%，重载。

（三）用户接入情况评估

典型实例区现状有 11 回 10kV 专用线路，专用线路统计情况如表 2-20 所示。

表 2-20　　　　10kV 专用线路统计情况表

序号	变电站名称	线路名称	配电变压器台数	装接容量（kVA）	线路最高负载率（%）
1	虹阳变电站	TH 7G8 线	7	7179	94.39
2	虹阳变电站	HB 7G7 线	6	6400	0.00
3	王江泾变电站	MJ 142 线	7	9500	106.37
		……			

由表 2-20 可知，MJ142 线共有 7 台配电变压器，装接容量为 9500kVA，线路最高负载率为 106.37%，过载运行。

（四）供电可靠性分析

供电可靠性是电网运行的重要指标，本次规划将从 10kV 电网网架结构、线路供电能力、供电半径、$N-1$ 校验等方面来分析。

（1）网架结构分析。典型实例区内现状共有 6 回单辐射线路，环网化率为 92.86%。

（2）负载率分析。典型实例区内共有 40 回线路负载率低于 30%，占线路总数的47.62%，属于轻载；有8回线路负载率大于80%，属于重载。

(3) 供电半径分析。典型实例区现状B类线路共有29回线路供电半径大于3km，C类线路共有8回线路供电半径大于5km。

(4) 线路$N-1$分析。典型实例区内不能满足$N-1$校验的10kV线路共有12回，6回为单辐射线路，6回为联络、环网线路。

(五) 小结

从电网结构、电网设备、供电能力、运行指标、用户接入、配套设施等方面对配电网进行汇总分析，找出现状配电网存在的问题，并分析其形成原因。

1. 电网结构

(1) 存在6回单辐射线路，且联络、环网单元中存在不符合典型接线模式，主要有架空线、电缆混合联络接线，同杆线路联络等；

(2) 17回线路分段数量和分段容量不合理；

(3) 有效联络占比较低，虽然环网化率较高达到92.86%，但是$N-1$校验通过率却较低为85.71%；

(4) 网架复杂，与10kV典型供电模式差距较大，也给运行管理等带来较大难度。

2. 装备水平

(1) 典型实例区84回10kV公用线路中，根据《配电网规划设计技术导则》的要求，其中有48回线路主干截面偏小；

(2) 典型实例区有9回线中不符合要求的联络线型号为JKLYJ-70mm^2，联络线路小于线路的主干线型号，在线路发生故障时，无法转移全部负荷至对端联络线路。

3. 供电能力

(1) 典型实例区内有8回线路负载率大于80%，属于重载；共有40回线路负载率小于30%，属于轻载。

(2) 现状B类线路共有29回线路供电半径大于3km，C类线路共有8回线路供电半径大于5km。主要原因有：① 存在部分变电站供电范围交叉

的现象；② 部分区域无上级电源点，且负荷离电源点较远等。

三、现状电网存在的问题

典型实例区内现状 10kV 线路问题汇总如表 2-21 所示。

表 2-21　　典型实例区现状 10kV 线路问题汇总表

问题等级	所属变电站	线路名称	线路负载率＞80%	配电变压器负载率＞80%	单辐射线路	不满足 N－1 校验	主干线截面偏小	装接配电变压器容量大于 12000kVA	接线模式不合理	分段不合理	运行年限超 20 年	供电半径大于 3km、5km
Ⅰ	虹阳变电站	HS 7G4 线	√					√				√
/①	虹阳变电站	HY 7G2 线										
Ⅲ	虹阳变电站	YJ 7G5 线										√
Ⅱ	虹阳变电站	RQ 7G1 线				√				√		√
		……										

① “/” 表示该线路不存在以上问题。

典型实例区内现状 84 回 10kV 公用线路中 9 回有一级问题、48 回有二级问题、20 回有三级问题。

任务二　工业主导型城镇配电网负荷预测

【任务描述】

本任务主要内容是在正确的理论指导下，在调查研究掌握详实资料的基础上，对工业主导型城镇电力负荷的发展趋势做出科学合理的推断。

【知识要点】

(1) 历史电量及负荷数据：实例区近五年到十年的全社会负荷和全社

会用电量，三产及居民生活用电量，月负荷曲线和日负荷曲线等。

(2) 土地规划信息：土地规划使用性质主要从城市控制性详细规划中获得。

(3) 近期用户报装情况：对于近期负荷增长点的预估起重要作用。

(4) 近中期开发方向及重点：影响近期负荷预测的增长速度和负荷增长分布。

【技术要领】

一、收资方法

收资方法主要有两种方式：一是进行文案调查，收集整理现有资料；二是进行市场调查，形成电力市场调查报告。

(1) 文案调查就是查找和收集与负荷预测相关的现有资料。充分利用现有的统计年鉴、年报、统计资料汇编等，联系相关单位对资料进行收集、整理和分析。

收资人员需要从公司内部相关部门收集负荷、电量和用户等负荷资料；也需要从公司外部如政府、规划局、统计局和气象局等部门收集城市规划、统计年鉴和气象数据等其他资料。

(2) 市场调查是对全体进行抽样或者全体调查得到调查报告。常用调查方式可分为抽样调查和典型调查。

抽样调查：从市场母体中抽取一部分子体作为样本进行调查，样本可更换也可固定，然后根据样本信息，推算市场总体情况。居民生活用电情况宜采用抽样调查方式。

典型调查：选择一些具有典型意义或代表性的对象作为典型样本进行专门调查，然后根据典型样本信息，推算同类型对象的情况。行业、工厂和办公楼用电调查宜采用典型调查方式。

二、收资流程

负荷预测工作收资流程可分准备、收集、分析和总结四个阶段。

（1）准备阶段：根据负荷预测目标，提出需要收资的内容和收资的范围；落实资料来源，确认收集途径；设计收资表格和问卷表格，安排收资人员和费用配备等。

（2）收集阶段：进行文件资料收集或通过计算机软件系统采集数据；进行调查研究，记录调研信息。

（3）分析阶段：对收集的资料进行整理、校核和分析，提交收资分析结果。

（4）总结阶段：对收资分析结果进行审核，给出收资调研的结果。

三、收资内容

1. 内部资料

（1）实例区历史年全社会负荷值——供电公司发策部、供电公司基建部、供电公司运检部。

（2）实例区历史年全社会用（售）电量值由供电公司营销部提供。

（3）实例区高压变电站历史年负荷值由供电公司运检部提供。

（4）实例区大用户历史年负荷及用（售）电量值由供电公司营销部提供。

（5）实例区近期新增用户信息及其申请报装容量由供电公司营销部提供。

内部资料收集的目的是为了对实例区历史用电发展动态变化情况进行摸底，从历史增长趋势，结合地区发展水平，从侧面预测地区负荷未来增长形势；同时对近期即将出现的负荷增长点有一定了解，在配电网规划方案制定的过程中予以相应的关注，以满足新增负荷需求。

2. 外部资料

（1）《某区域总体规划》由某市人民政府、城市（城乡）规划设计研究院提供。

（2）《某区域某片区控制性详细规划》（若干个）由城市（城乡）规划设计研究院提供。

(3)《某区域“十三五”电力设施布局规划》由规划设计研究院提供。

(4)《某区域统计年鉴》——市人民政府（统计局）。

外部资料收集的主要目的是为了确定负荷预测工作以及后续的网架规划方案制定过程中的外部限定条件。总体规划与控制性详细规划限定了实例区域的发展定位、开发强度、具体地块的用地性质、容积率等信息。电力设施布局规划限定了实例区主网的总体规模、高压变电站站址布点及其电源等信息。统计年鉴提供了实例区若干年内人口规模、户数、各类产业等信息的动态变化情况。基于以上内部资料和外部资料信息，即可从不同角度，运用不同方法对典型实例区域展开负荷及电量的预测。

【典型实例】

一、负荷预测方法和密度指标的选取

1. 电力需求变化情况

2007～2012年，典型实例区全社会最大负荷年均增长率为6.00%。其中，2007～2012年，全社会最大负荷保持平稳较快增长，年均增长率为9.34%，年均增长绝对值为16MW；2013年，全社会最大负荷增速减慢。2014年较2013年下降3.81%；2015年较2014年增加2.94%。

典型实例区历史负荷数据表如表2-22所示，历史年负荷曲线如图2-5所示。

表2-22 典型实例区历史负荷数据表

年份	2007年	2008年	2009年	2010年	2011年	2012年	2013年	2014年	2015年	年均增长率
全社会最大负荷（万kW）	14.52	15.95	17.52	19.25	20.9	22.69	23.37	22.48	23.14	6.00%
人口（万人）	11.32	11.40	12.54	13.20	13.36	13.51	13.67	13.84	14.24	2.91%
人均负荷（kW/人）	1.28	1.40	1.40	1.46	1.56	1.68	1.71	1.62	1.63	3.03%

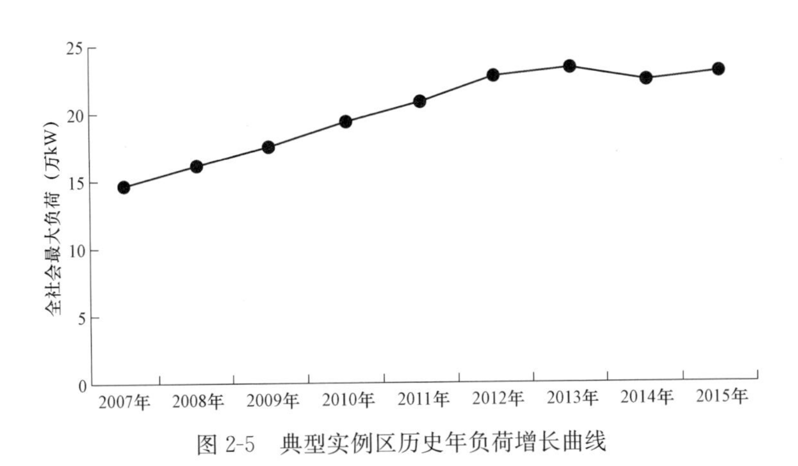

图 2-5　典型实例区历史年负荷增长曲线

2. 区域负荷构成与分布情况分析

典型实例区现状大致可以分为 6 大片区，分别是中心镇区、中部工业区、南部工业区、北部农村、西部农村和东部农村，负荷分布情况如图 2-6 所示。中心镇区负荷主要分布在运河以西，以工业负荷为主。

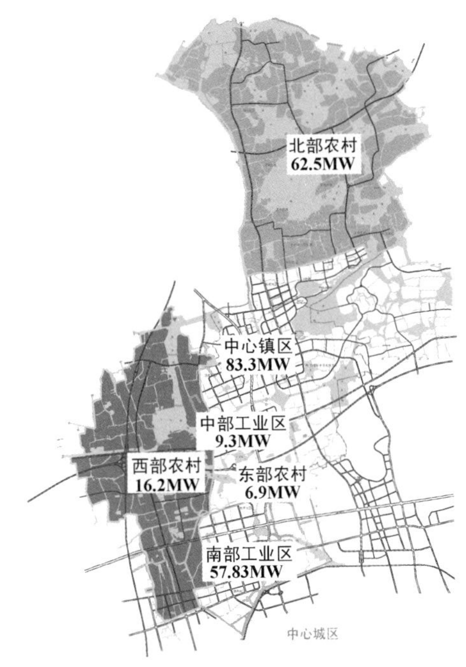

图 2-6　典型实例区各区域负荷

3. 预测方法

现阶段比较准确的远景负荷预测方法是根据市政规划，采用空间负荷预测法对某一实例区进行负荷预测。对于典型实例区具体来说：镇区以及集镇等有建设用地规划的区块采用地块负荷预测法；社区以及农村采用远景人均用电负荷水平法。本节依据《某省级小城市培育试点镇总体规划（2011～2030）》对典型实例区远景负荷进行预测。

4. 指标选取

综合考虑典型实例区的功能定位、经济发展等因素，确定占地负荷密度指标水平和人均用电负荷水平，如表 2-23 所示。

表 2-23　典型实例区占地负荷密度指标一览表

序号	用地性质	占地负荷密度（MW/km^2）
1	一类住宅用地	10
2	二类住宅用地	15
3	行政办公用地	20
4	文化设施用地	15
5	教育科研用地	15
6	体育用地	6
7	医疗卫生用地	20
8	文物古迹用地	5
9	宗教设施用地	5
10	商业设施用地	30
11	商务设施用地	30
12	批发市场用地	20
13	加油加气站用地	15
14	公用设施营业网点用地	10
15	商住用地	20
16	一类工业用地	15

续表

序号	用地性质	占地负荷密度（MW/km^2）
17	道路与交通设施用地	1
18	公用设施用地	10
19	绿地与广场用地	1
20	发展备用地	8
21	物流仓储用地	2

二、远景负荷预测

1. 中心镇区

根据空间负荷预测结果，典型实例区中心镇区远景负荷为121.13MW，占地负荷密度为10.04MW/km^2，具体预测结果如表2-24所示。

表2-24　　中心镇区远景年负荷预测结果

序号	用地名称	面积（m^2）	负荷密度（W/m^2）	用电负荷（kW）
1	二类住宅用地	3700790	15	55512
2	行政办公用地	66898	20	1338
3	教育科研用地	256588	15	3849
4	医疗卫生用地	66555	20	1331
5	文物古迹用地	20813	5	104
6	宗教设施用地	77287	5	386
7	商业设施用地	1775186	30	53256
8	商务设施用地	275160	30	8255
9	批发市场用地	29068	20	581
10	一类工业用地	550594	15	8259
11	道路与交通设施用地	63745	1	64
12	公用设施用地	67552	10	676
13	物流仓储用地	505361	2	1011

续表

序号	用地名称	面积（m^2）	负荷密度（W/m^2）	用电负荷（kW）
14	绿地与广场用地	1994482	1	1994
15	发展备用地	1615859	8	12927
	合计（同时率0.8）	12065938	—	121129

2. 传统产业提升区

根据空间负荷预测结果，传统产业提升区远景负荷为31.07MW，占地负荷密度为7.55MW/km^2，具体预测结果如表2-25所示。

表2-25　传统产业提升区远景年负荷预测结果

序号	用地名称	面积（m^2）	负荷密度（W/m^2）	用电负荷（kW）
1	二类住宅用地	452565	15	6788
2	教育科研用地	29472	15	442
3	一类工业用地	1837019	15	27555
4	公用设施用地	4348	10	43
5	公园绿地	1542951	1	1543
6	发展备用地	248094	8	1985
	合计（同时率0.8）	4114449	—	31069

3. 新兴产业培育区

根据空间负荷预测结果，新兴产业培育区远景负荷为72.36MW，占地负荷密度为7.75MW/km^2，具体预测结果如表2-26所示。

表2-26　新兴产业培育区远景年负荷预测结果

序号	用地名称	面积（m^2）	负荷密度（W/m^2）	用电负荷（kW）
1	二类住宅用地	1732686	15	25990
2	文化设施用地	52263	15	784
3	教育科研用地	78531	15	1178
4	商业设施用地	127157	30	3815
5	一类工业用地	2259963	15	33899

续表

序号	用地名称	面积（m^2）	负荷密度（W/m^2）	用电负荷（kW）
6	公用设施用地	20068	10	201
7	公园绿地	2432728	1	2433
8	广场用地	4733	1	5
9	发展备用地	2628880	8	21031
	合计（同时率0.9）	9337009	—	72362

4. 农村地区负荷预测

农村地区（即城乡一体新社区）饱和负荷采用人均负荷法进行负荷预测。至远景年，农村人均负荷（考虑到乡村小企业分布较多）取值2.0kW/人，得到农村地区远景负荷为60MW。表2-27给出了农村地区远景年负荷预测结果。

表2-27　　农村地区远景年负荷预测结果

区域	人口数（万人）	人均负荷（kW/人）	用电负荷（MW）
城乡一体新社区	3.0	2.0	60

5. 典型实例区远景负荷综合预测结果

综合上述中心镇区、传统产业提升区、新兴产业培育区和农村的负荷预测结果，得出典型实例区远景负荷预测结果。至远景年，典型实例区预测总负荷为339MW，负荷密度为2.66MW/km^2。其中中心镇区121MW，传统产业提升区31MW，新兴产业培育区72MW，农村114MW。预测结果如表2-28和图2-7所示。

表2-28　　典型实例区远景年负荷预测结果

分区	供电面积（km^2）	负荷（MW）	占地密度（MW/km^2）	人口（人）
湿地新城（中心镇区）	12.07	121.13	10.04	94000
传统产业提升区	4.11	31.07	7.55	10000
新兴产业培育区	9.34	72.36	7.75	36000
社区及农村	76.08	114.00	1.50	30000
合计	101.60	338.68	3.33	170000

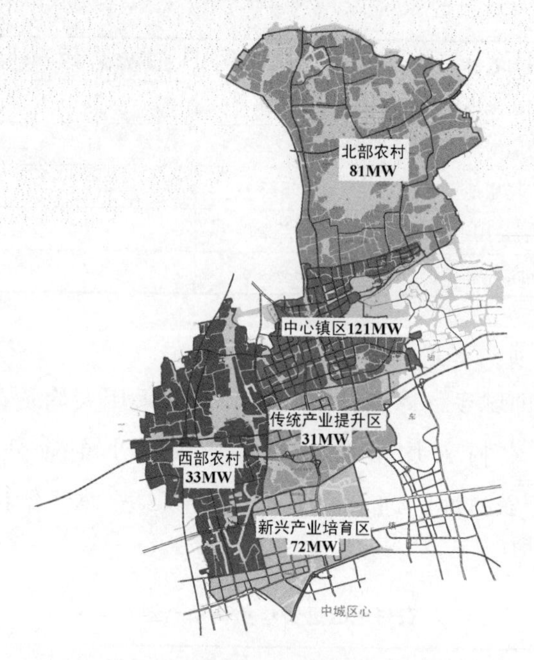

图 2-7 典型实例区远景负荷分布图

三、近期负荷预测

1. 电力需求变化情况

电力负荷预测的方法是多种多样的，每种预测方法都有其实用的范围和一定局限性。对一个地区的电力负荷预测，必须根据该地区的实际情况、发展规划以及提供的历史资料、规划的期限选取合适的预测方法。根据对典型实例区历史负荷资料的分析，采用年均增长率法与线路负荷预测法预测近期负荷。

2. 年增长率法

根据典型实例区历史年负荷增长情况，结合典型实例区经济发展情况和镇域发展规划，预测典型实例区的负荷增长。本次预测按高、中、低三个方案进行预测，同时根据经济发展规律确定逐年负荷增长率，预测结果如表 2-29 所示。

表 2-29　　年增长率法负荷预测结果　　MW

年份		2016	2017	2018	2019	2020
高方案	最大负荷	240.6	247.8	252.7	257.8	263
	增长率	4.00%	3.00%	2.00%	2.00%	2.00%
中方案	最大负荷	238.2	243.0	247.9	250.3	253
	增长率	3.00%	2.00%	2.00%	1.00%	1.00%
低方案	最大负荷	235.9	238.3	240.7	243.1	246
	增长率	2.00%	1.00%	1.00%	1.00%	1.00%

3. 线路负荷预测法

根据近期报装用户，结合线路自身配电变压器综合负载率以及其供电区域的经济发展情况、负荷性质等因素，按高、中、低三个方案对每回线路的负荷进行预测，预测结果如表 2-30 所示。

表 2-30　　线路负荷预测法预测结果　　MW

年份	2016	2017	2018	2019	2020
高方案	239.5	243.8	248.2	257.8	262.7
中方案	238.2	241.8	245.6	250.3	252.3
低方案	237.7	239.1	241.7	243.1	244.3

4. 综合预测结果

综合年增长率法以及线路负荷预测法，对年增长率法取权重 0.7，对线路负荷预测法取权重 0.3，汇总结果如表 2-31 所示。

表 2-31　　典型实例区近期负荷预测一览表　　MW

年份	2015（实际）	2016	2017	2018	2019	2020	“十三五”均增长率
高方案	231.4	240.2	246.6	251.4	257.8	262.9	2.59%
中方案	231.4	238.2	242.6	247.2	250.3	252.8	1.79%
低方案	231.4	236.5	238.5	241.0	243.1	245.5	1.19%

本次规划采用中方案为最终预测方案，至2020年典型实例区总负荷为252.8MW，负荷密度为1.99MW/km^2。

任务三　确定工业主导型城镇配电网规划目标及重点

【任务描述】

本任务主要讲解工业主导型城镇配电网规划目标及重点、工业主导型城镇配电网特点及其规划工作侧重点。

【知识要点】

（1）工业主导型城镇的城市规划特征及配电网特点。

（2）工业主导型城镇的分类：

1）负荷密度较高，对供电可靠性和电能质量有特殊要求的园区；

2）国家级或省级高新技术园区、城市工业集聚区或保税园区；

3）一般制造产业园区。

【技术要领】

一、城市规划特征及配电网特点

工业主导型的新型城镇规划一般由工业区、镇区及其他非城市建设区域组成，以工业区开发建设为核心，形成工业区围绕镇区（或者新城）城市规划结构。目前，在新型城镇规划中工业区的功能已由单一工业用地转变为集工业、商贸、物流集聚的综合型工业园区，因而工业主导型新型城镇的配电网规划重点是城镇中工业园区配电网是否满足工业用户的用电需求和供电可靠性、电能质量的需求。本项目主要讲解工业主导型城镇配电网规划的目标重点以及具体实施方法。

受配电网规模大、设备多、接线模式复杂等特点影响，工业主导型城镇配电网的网架规划具有以下特点：

（1）10kV 配电网规划与工业用户的具体情况存在密切的关系。由于配电网深入至末端大量工业用户，在配电网规划时需要考虑较多的用户因素，如用户接入配电网方式、保证多电源的用户的供电可靠性、在用户负荷特性对配电网线、变、站负荷的影响等，因而不同地区甚至不同地块配电网的网架结构均可存在较大差异。

（2）配电网规划方案编制存在多样性。10kV 配电网中可选用的设备众多、可选择的接线模式多样化，在具体配电网规划时，针对同一地区甚至同一地块可提出多种可行的规划方案，形成不同的配电网结构，其加大了配电网规划的难度。

（3）配电网规划方案存在长期的变化过程。当用户情况、产业调整、上级变电站规划等因素发生变化时，均可对配电网规划方案产生较大影响，特别是用户情况变化，使配电网的变动频繁。

二、工业主导型城镇的分类及其差异化的规划要求

按工业园区涉及的产业不同，工业主导型城镇可有以下分类：

（1）负荷密度较高，对供电可靠性和电能质量有特殊要求的园区。此类园区包括大型化工区、大型重装备制造区、大型冶金制造区，并且存在一定数量的特级或一级重要用户，园区呈现负荷密度高、供电可靠性和电能质量要求高，如出现停电事故可能造成安全事故或重大财产损失。

配电网规划要求可按 DL/T 5729—2016《配电网规划设计技术导则》中 A 类供电区域标准建设。

（2）国家级或省级高新技术园区、城市工业集聚区或保税园区。此类园区包括电子信息产业、生物医药产业、精密机械产业、数据中心等高科技行业，园区内存在一定数量的二级重要用户，负荷密度与城市核心区域保持同一水平，并且用户生产设备对电压、谐波有较高的灵敏性或需无尘恒温环境，出现停电事故或电能质量波动，可能造成批量残次品形成较大

财产损失的情况。

配电网规划要求可按 DL/T 5729—2016 中 B 类供电区域标准建设。

(3) 一般制造产业园区。此类园区包括材料加工、纺织加工、食品加工、机械制造等一般制造产业，园区内无重要用户，并且负荷密度较低，对供电可靠性和电能质量无特殊要求。

配电网规划要求可按 DL/T 5729—2016 中 C 类供电区域标准建设。

三、规划目标及重点

工业主导型新型城镇的配电网规划重点在于城镇中工业园区配电网是否满足工业用户的用电需求和供电可靠性、电能质量的需求，规划目标如表 2-32 所示。

表 2-32 工业主导型新型城镇化配电网规划目标指标

类型	供电可靠性	综合电压合格率
负荷密度高，对供电可靠性和电能质量有特殊要求的园区	用户年平均停电时间不高于 52min (≥99.990%)	≥99.98%
国家级或省级高新技术园区、城市工业集聚区或保税园区	用户年平均停电时间不高于 3h (≥99.965%)	≥99.95%
一般制造产业园区、镇区	用户年平均停电时间不高于 9h (≥99.897%)	≥99.70%

任务四　工业主导型城镇高压配电网架规划

【任务描述】

本任务主要讲解工业主导型城镇高压电网规划特点和高压配电网规划工作具体内容。

【知识要点】

（1）工业主导型城镇变电站选址定容：基于负荷预测结果确定区域变电站数量与主变压器容量，并根据负荷分布情况，选取变电站站址。

（2）工业主导型城镇高压电网典型接线模式及网络结构。

【典型实例】

一、变电站选址及定容

1．布点思路

（1）符合城市总体规划用地布局要求。

（2）靠近负荷中心。

（3）便于进出线。

（4）交通运输方便。

（5）应考虑对周围环境和邻近工程设施的影响和协调，如军事设施、通信电台、电信局、飞机场、领（导）航台、国家重点风景旅游区等，必要时，应取得有关协议或书面文件。

（6）宜避开易燃、易爆区和大气严重污秽区及严重盐雾区。

（7）应满足防洪标准要求：220～500kV变电站的站址标高，宜高于洪水频率为1%的高水位；35～110kV变电站的站址标高，宜高于洪水频率为2%的高水位。

（8）应满足抗震要求：35～500kV变电站抗震要求，应符合DL/T 5218—2005《220～500kV变电所设计规程》和GB 50059—2011《35～110kV变电所设计规范》中的有关规定。

（9）应有良好的地质条件，避开断层、滑坡、塌陷区、溶洞地带、山区风口和易发生滚石场所等不良地质构造。

2．布点流程

在已经掌握了地区控制性规划且已开展空间负荷预测的区域，变电站布点应针对水平年负荷需求开展。根据未来电源的布局和负荷分布、增长变化情况，以现有电网为基础，在满足负荷需求的条件下，参照区域城市建设布局，形成远景年变电站供电区域划分，并初步将变电站布点于负荷中心且便于进出线的位置。在上述方案或多方案的基础上，需要开展技术经济测算，校验变电站布点方案的科学性和合理性，并根据测算结果对方案优化或选择。同时，需要兼顾电网建设时序，充分考虑电网过渡方案，并结合区域可靠性要求开展变电站故障情况下负荷转移分析。

随着规划变电站站址的逐个落实，需对原布点方案进行调整、优化。在尚未掌握地区控制性规划的区域，变电站布点应在现状电网的基础上，充分考虑未来负荷发展需求，在规划水平年变电站座数基础上适度预留，并持续跟进城市规划成果，及时更新变电站布点方案。

二、网络结构

1. 主要原则

（1）正常运行时，各变电站应有相互独立的供电区域，供电区不交叉、不重叠，故障或检修时，变电站之间应有一定比例的负荷转供能力。

（2）高压配电网的转供能力主要取决于正常运行时的变压器容量裕度、线路容量裕度，通过中压主干线的合理分段数和联络实现负荷转供。

（3）同一地区同类供电区域的电网结构应尽量统一。

（4）35～110kV 变电站宜采用双侧电源供电，条件不具备或处于电网发展的过渡阶段，也可同杆架设双电源供电，但应加强中压配电网的联络。

（5）相较于 35kV 变电站，110kV 变电站接线模式更为多样，有利于保障供电可靠性；且 110kV 变电站变电容量较大，供电能力强，可提供更多 10kV 出线间隔资源，有利于中压网架结构完善；同时 110kV 变电站更节约土地资源，节约 220kV 出线间隔资源，有较高的经济性。综上原因，原则上新规划高压变电站推荐采用 110kV 电压等级。仅在非城市开发区、镇域农村地区、负荷极为分散的景区等区域，可适当考虑建设 35kV 变电站。

2. 主要结构

（1）辐射状结构（单侧电源）。

从上级电源变电站引出同一电压等级的一回或双回线路，接入本级变电站的母线（或桥），称为辐射结构。辐射结构分为单辐射和双辐射两种类型。

1）单辐射（见图 2-8）。由一个电源的一回线路供电的辐射结构，单辐射结构中，110kV 变电站主变压器台数为 1～2 台。单辐射结构不满足 N-1 要求。

2）双辐射（见图 2-9）。由同一电源的两回线路供电的辐射结构。辐射状结构（单辐射、双辐射）的优点是接线简单，适应发展性强；缺点是 110kV 变电站只有来自同一电源的进线，可靠性较差。主要适合用于负荷密度较低、可靠性要求不太高的地区，或者作为网络形成初期、上级电源变电站布点不足时的过渡性结构。

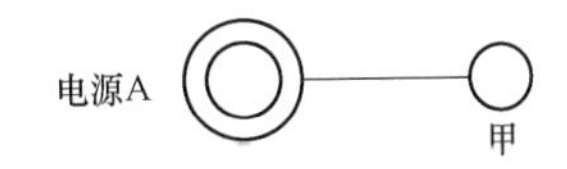

图 2-8 单辐射接线示意图

图 2-9 双辐射接线示意图

（a）单座变电站；（b）多座变电站

（2）环式（单侧电源，环网结构，开环运行）。

从上级电源变电站引出同一电压等级的一回或双回线路，接入本级变电站的母线（或桥），并依次串接两个（或多个）变电站，通过另外一回或双回线路与起始电源点相连，形成首尾相连的环形接线方式，一般选择在环的中部开环运行，称为环网结构。

1）单环。由同一电源站不同路径的两回线路分别给两个变电站供电，站间一回联络线路，如图 2-10（a）所示。

2）双环。由同一电源站不同路径的四回线路分别给两个变电站供电，站间两回联络线路，如图 2-10（b）所示。

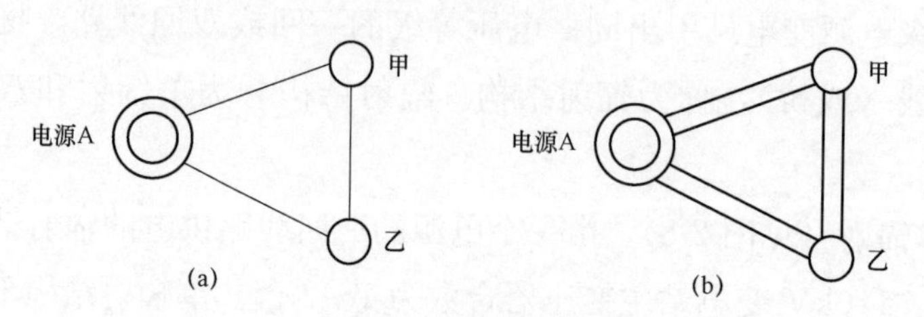

图 2-10 环式接线示意图

（a）单环；（b）双环

环式结构（单环、双环）中只有一个电源，变电站间为单线或双线联络，其优点是对电源布点要求低，扩展性强；缺点是供电电源单一，网络供电能力小。主要适用于负荷密度低，电源点少，网络形成初期的地区。

（3）链式（双侧电源）。

从上级电源变电站引出同一电压等级的一回或多回线路，依次 π 接或 T 接到变电站的母线（或环入环出单元、桥），末端通过另外一回或多回线路与其他电源点相连，形成链状接线方式，称为链式结构。

1）单链（见图 2-11）。由不同电源站的两回线路供电，站间一回联络线路。

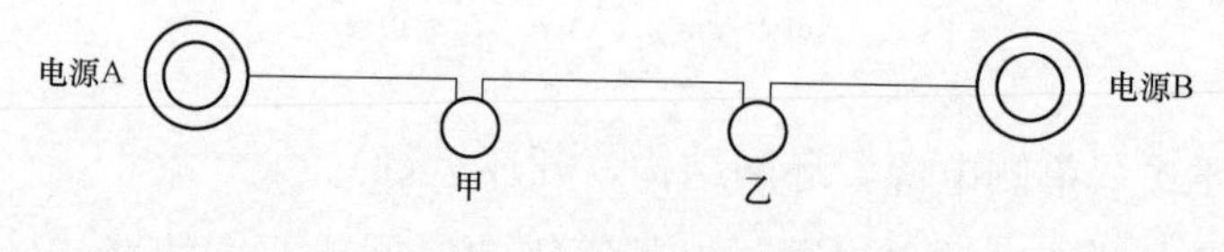

图 2-11 单链接线示意图

2）双链（见图 2-12）。两个电源站各出两回线路供电，站间两回联络线路。

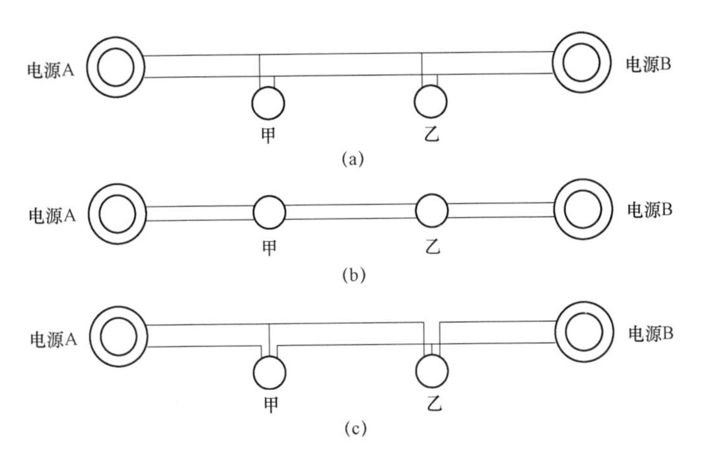

图 2-12　双链接线示意图

(a) T 接；(b) π 接；(c) T、π 结合

3）三链（见图 2-13）。两个电源站各出三回线路供电，站间三回联络线路。

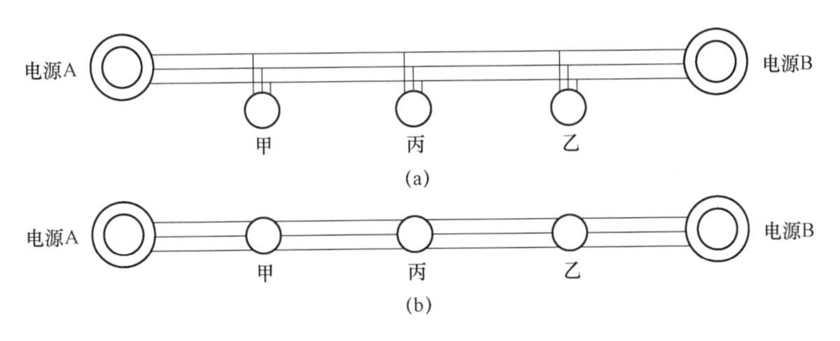

图 2-13　三链接线示意图

(a) T 接；(b) π 接

链式结构（单链、双链和三链）的优点是运行灵活，供电可靠高；缺点是出线回路数多，投资大。主要适用于对供电可靠性要求高、负荷密度大的繁华商业区、政府驻地等。

三、工业主导型城镇高压电网规划技术要领

工业主导型城镇主变压器、高压接线模式、导线截面的选择分别见表2-33～表2-35。

表2-33　工业主导型城镇主变压器的选择

电压等级	区域类型	台数（台）	单台容量（MVA）
110kV	工业主导型城镇：负荷密度高，对供电可靠性和电能质量有特殊要求的园区	3	50
	工业主导型城镇：国家级或省级高新技术园区、城市工业集聚区或保税园区	3	50
	工业主导型城镇：一般制造产业园区各类城镇镇区	3	40
	非城市开发区域	2	20
35kV	非城市开发区域	2	10、6.3

注　本表中主变压器选型信息供参考，具体选型须根据最新规划原则并结合区域发展定位等信息综合考量。

表2-34　工业主导型城镇适用的高压接线模式

电压等级	区域类型	链式			环网		辐射	
		三链	双链	单链	双环网	单环网	双辐射	单辐射
110kV	工业主导型城镇：负荷密度高，对供电可靠性和电能质量有特殊要求的园区	√	√		√		√	
	工业主导型城镇：国家级或省级高新技术园区、城市工业集聚区或保税园区		√	√	√		√	
	工业主导型城镇：一般制造产业园区 各类城镇镇区		√	√		√	√	
	非城市开发区域							√
35kV	非城市开发区域							√

表 2-35　　工业主导型城镇导线截面的选择

电压等级	区域类型	导线截面（mm^2）
110kV	工业主导型城镇：负荷密度高，对供电可靠性和电能质量有特殊要求的园区	300、240
	工业主导型城镇：国家级或省级高新技术园区、城市工业集聚区或保税园区	240
	工业主导型城镇：一般制造产业园区 各类城镇镇区	240
	非城市开发区域	150
35kV	非城市开发区域	120

注　本表中导线选型信息供参考，具体选型须根据最新标准物料库并结合区域发展定位、负荷需求、导线所带主变数量等信息综合考量。

供电安全标准：负荷密度高，对供电可靠性和电能质量有特殊要求的园区故障变电站所带的负荷应在 15min 内恢复供电；其它类型区域故障变电站所带的负荷，其大部分负荷（不小于 2/3）应在 15min 内恢复供电，其余负荷应在 3h 内恢复供电。

【典型实例】

本实例镇域由镇区、工业园区和非城市开发区域（农村和湿地为主）组成。其中，工业园区产业结构为织造产业，属于为一般制造产业园区。

按一般制造产业园区主变压器的选择要求，确定实例 110kV 变电站远景变压器数量为 3 台，主变压器容量为 40MVA、50MVA。按负荷预测的结果，变电站分布主要位于镇区和工业区，共规划 110kV 变电站 7 座，总容量 970MVA，容载比为 2.1，满足实例区域负荷需求。近期变电站变压数量为 2 台，主变压器容量与远景保持一致。典型实例变电站建设时序及容载比变化情况见表 2-36，远景变电站布点及其供电范围见图 2-14。

表 2-36　　典型实例变电站建设时序及容载比变化情况表　　MVA

变电站名称	电压等级（kV）	性质	2016 年	2017 年	2018 年	2019 年	2020 年	远景
虹阳变电站	110	现状	2×50	2×50	2×50	2×50	2×50	3×50

续表

变电站名称	电压等级（kV）	性质	2016年	2017年	2018年	2019年	2020年	远景
金鱼变电站	110	现状	2×50	2×50	2×50	2×50	2×50	3×50
南汇变电站	110	现状	3×40	3×40	3×40	3×40	3×40	3×40
田乐变电站	110	现状	2×50	2×50	2×50	2×50	2×50	3×50
王江泾变电站	110	现状	2×50	2×50	2×50	2×50	2×50	3×50
太平变电站	110	规划	—	—	—	—	—	3×50
九里变电站	110	区外-规划	—	—	—	—	2×50	3×50
容量总计			520	520	520	520	620	970
区内 利用容量			520	520	520	520	570	770
负荷预测			238.2	242.6	247.2	250.3	252.8	339
容载比			2.1	2.1	2.1	2.0	2.2	2.2

图 2-14　远景变电站布点及其供电范围示意图

任务五 工业主导型城镇中压配电网规划

【任务描述】

本任务主要讲解工业主导型城镇配中压配电网规划特点及中压配电网规划工作具体内容。

【知识要点】

（1）工业主导型城镇配电变压器及其容量选定；
（2）工业主导型城镇中压网典型接线模式及网络结构。

【技术要领】

一、配电变压器选定

1. 配电变压器形式选择

表2-37为柱上变压器、箱式变压器和配电室的不同特点及适用范围。根据这些特点，不同的规划区选用不同的配电变压器形式。

表2-37 配电变压器特点对照表

类型	特　点	适用范围
柱上变压器	经济、简单，运行条件差	容量小（400kVA及以下）
箱式变压器	占地少，造价居中，运行条件差	用地紧张，有景观要求地区
配电室	运行条件好，扩建性好，占地面积大，造价高	小区配套商业办公、企业

2. 配电变压器的台数及容量参考

供电可靠性要求较高电力用户及住宅配套配电室一般选择不低于两台配电变压器，单台油浸式变压器容量不大于630kVA，单台干式变压器容量不大于1000kVA。

二、配电变压器容量确定

1. 基本原则

应考虑电力用户用电设备安装容量、计算负荷，并结合用电特性、设备同时系数等因素后确定用电容量。对于用电季节性较强、负荷分散性大的中压电力用户，可通过增加变压器台数、降低单台容量来提高运行的灵活性，解决淡季和低谷负荷期间变压器经济运行的问题。

2. 配置方法

电力用户变压器容量的配置公式如下

$$S=\frac{P_{js}}{\cos\varphi\times k_{fz}}$$

式中 S——变压器总容量确定参考值，kVA；

$\cos\varphi$——功率因数；

k_{fz}——所带配电变压器的负载率。

(1) 普通电力用户变压器总容量配置。P_{js}表示最大计算负荷，单路单台变压器供电时，负载率k_{fz}可按70%～80%计算，双路双台变压器时，可按50%～70%计算。

(2) 重要电力用户和有足够备用容量要求的电力用户变压器容量配置。P_{js}表示最大计算负荷，参照《无功补偿配置技术原则》（国家电网生〔2004〕435号）部分中有关规定执行，功率因数取0.95，k_{fz}可按低于50%计算。

(3) 居民住宅小区变压器总容量配置。P_{js}为住宅、公寓、配套公建等折算到配电变压器的用电负荷（kW），功率因数可取0.95，负载率k_{fz}为所带配电变压器的负载率，配电室一般可取50%～70%。

配电变压器容量的确定，应参照配电变压器容量序列向上取最相近容量的变压器，确定后按两台配置，一般公用配电室单台变压器容量不超过 1000kVA。

三、中压网典型接线模式及网络结构

1. 主要原则

(1) 中压配电网应根据变电站位置、负荷密度和运行管理的需要，分成若干个相对独立的供电区。分区应有大致明确的供电范围，正常运行时一般不交叉、不重叠，分区的供电范围应随新增加的变电站及负荷的增长而进行调整。

(2) 对于供电可靠性要求较高的区域，还应加强中压主干线路之间的联络，在分区之间构建负荷转移通道。

(3) 10kV 架空线路主干线应根据线路长度和负荷分布情况进行分段（一般不超过 5 段），并装设分段开关，重要分支线路首端亦可安装分段开关。

(4) 10kV 电缆线路一般可采用环网结构，环网单元通过环进环出方式接入主干网。

(5) 双射式、对射式可作为辐射状向单环式、双环式过渡的电网结构，适用于配电网的发展初期及过渡期。

(6) 应根据城乡规划和电网规划，预留目标网架的通道，以满足配电网发展的需要。

2. 主要结构

(1) 架空网结构。中压架空网的典型接线方式主要有辐射式、多分段单联络、多分段适度联络 3 种类型。

1) 辐射式（见图 2-15）。辐射式接线简单清晰、运行方便、建设投资低。当线路或设备故障、检修时，电力用户停电范围大，但主干线可分为若干段（一般可分为 3～5），以缩小事故和检修停电范围；当电源故障时，则将导致整回线路停电，供电可靠性差，不满足 $N-1$ 要求，但主干线正常运行时的负载率可达到 100%。有条件或必要时，可发展过渡为同站单联络或异站单联络。

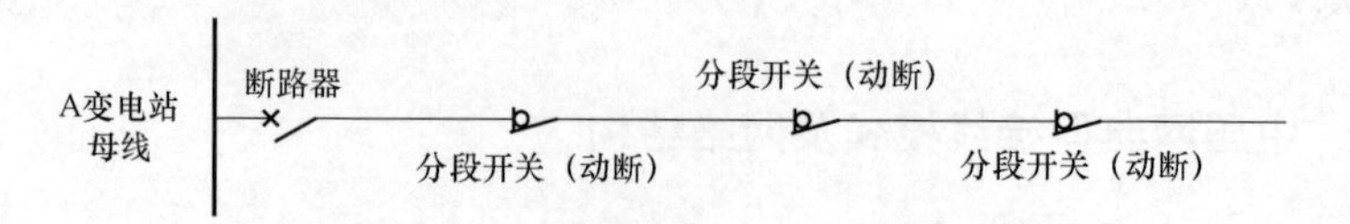

图 2-15　架空线路辐射式接线示意图

辐射式接线一般仅适用于负荷密度较低、电力用户负荷重要性一般、变电站布点稀疏的地区。

2）多分段单联络（见图 2-16）。多分段单联络是通过一个联络开关，将来自不同变电站（开关站）的中压母线或相同变电站（开关站）不同中压母线的两条馈线连接起来。一般分为本变电站单联络和变电站间单联络两种。

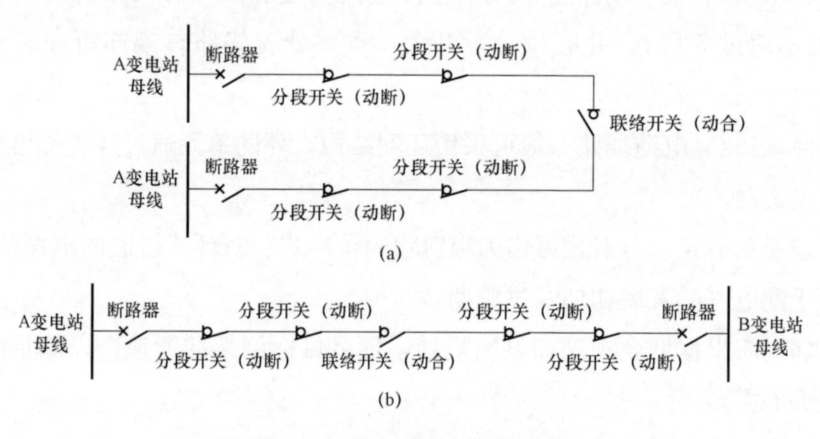

图 2-16　多分段单联络接线示意图

(a) 同站多分段单联络接线；(b) 变电站间多分段单联络接线

多分段单联络结构中任何一个区段故障，闭合联络开关，将负荷转供到相邻馈线完成转供。满足 $N-1$ 要求，主干线正常运行时的负载率仅为 50%。

多分段单联络结构的最大优点是可靠性比辐射式接线模式高，接线简单、运行比较灵活。线路故障或电源故障时，在线路负荷允许的条件下，通过切换操作可以使非故障段恢复供电，线路的备用容量为 50%。但由于考虑了线路的备用容量，线路投资将比辐射式接线有所增加。

3）多分段适度联络。采用环网接线开环运行方式，分段与联络数量应根据电力用户数量、负荷密度、负荷性质、线路长度和环境等因素确定，一般将线路 3 分段、2～3 联络，线路总装接总量宜控制在 12000kVA 以内，10kV 专线宜控制在 8000kVA 以内。

三分段两联络结构是通过两个联络开关，将变电站的一条馈线与来自不同变电站（开关站）或相同变电站不同母线的其他两条馈线连接起来，如图 2-17 所示。

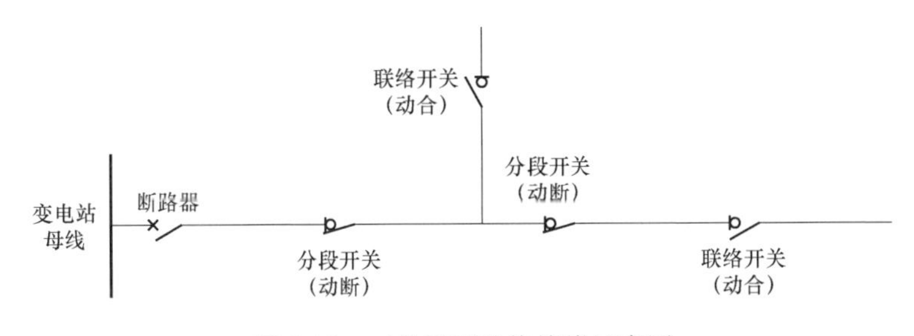

图 2-17　三分段两联络接线示意图

三分段两联络结构最大的特点和优势是可以有效提高线路的负载率，降低不必要的备用容量。在满足 $N-1$ 的前提下，主干线正常运行时的负载率最大可达到 67%。

三分段三联络是通过三个联络开关，将变电站的一条馈线与来自不同变电站或相同变电站不同母线的其他 3 条馈线连接起来，如图 2-18 所示。任何一个区段故障，均可通过联络开关将非故障段负荷转供到相邻线路。

在满足 $N-1$ 的前提下，主干线正常运行时的负载率可达到 75%。该接线结构适用于负荷密度较大，可靠性要求较高的区域。

（2）电缆网网架结构。

1）单射式。

单射式是自一个变电站或一个开关站的一条中压母线引出一回线路，形成单射式接线方式，如图 2-19 所示。该接线方式不满足 $N-1$ 要求，但主干线正常运行时的负载率可达到 100%。考虑到用户自然增长的增容需求，负载率一般控制在80%。

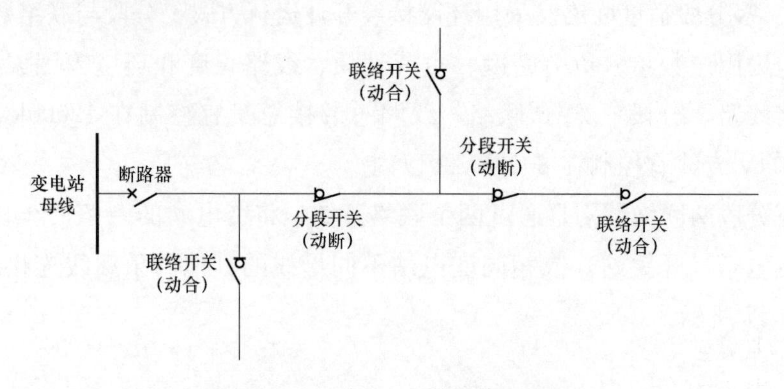

图 2-18 三分段三联络接线示意图

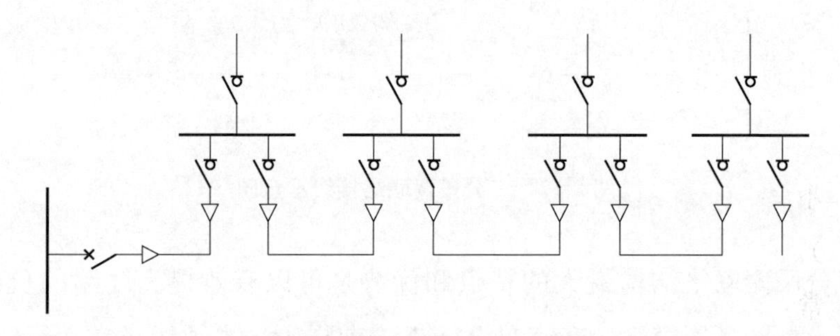

图 2-19 电缆线路单射式接线示意图

单射式是电网建设初期的一种过渡结构，可过渡到单环网、双环网等接线方式，单射式电缆网的末端应临时接入其他电源，甚至是附近的架空网，避免电缆故障造成停电时间过长。

2）单环式。单环式是自两个变电站的中压母线（或一个变电站的不同中压母线）、或两个开关站的中压母线（或一个开关站的不同中压母线）、或同一供电区域一个变电站和一个开闭所的中压母线馈出单回线路构成单环网，开环运行，为公共配电室和电力用户提供一路电源，如图 2-20 所示。

单环式的环网节点一般为环网单元或开关站，与架空单联络相比，它具有明显的优势。由于各个环网点都有两个负荷开关（或断路器），可

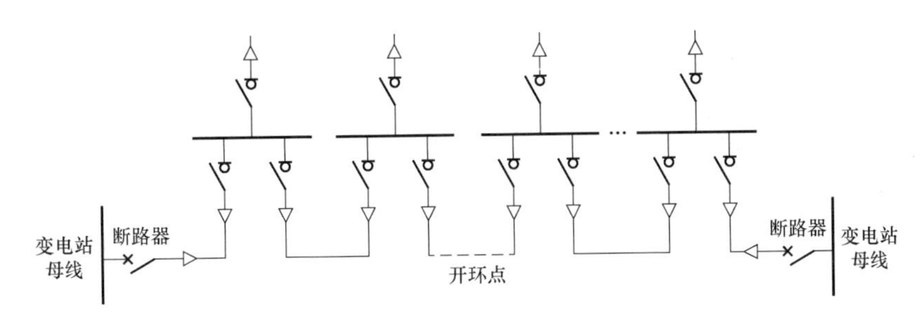

图 2-20　电缆线路单环式接线示意图

以隔离任意一段线路的故障，客户的停电时间大为缩短。同时，任何一个区段故障，闭合联络开关，将负荷转供到相邻馈线完成转供。在这种接线模式中，线路的备用容量为 50%。一般采用异站单环接线方式，不具备条件时采用同站不同母线单环接线方式。单环式接线主要适用于城市一般区域（可靠性要求一般的区域）。这种接线模式可以应用于电缆网络建设的初期阶段，对环网点处的环网开关考虑预留，随着电网的发展，通过在不同的环之间建立联络，就可以发展为更为复杂的接线模式（如双环式）。

通常，电缆网的故障概率非常低，修复时间却很长（通常在 6h 以上）。单环网可以在无需修复故障点的情况下，通过短时（人工操作的时间一般在 30min，配电自动化时间一般在 5min）的倒闸操作，实现对非故障区间负荷恢复供电。对于公共配电室和电力用户，单环网的可靠性较双射网、对射网下降幅度并不多，且以不同变电站为电源的单环网还能抵御变电站故障全停造成的风险。

3）双环式。双环式是自两个变电站（开关站）的不同段母线各引出一回线路或同一变电站的不同段母线各引出线路，构成双环式接线方式，双环式可以为公共配电室和电力用户提供两路电源，如图 2-21 所示。如果环网单元采用双母线不设分段开关的模式，双环网本质上是两个独立的单环网。

采用双环式结构的电网中可以串接多个开闭所，形成类似于架空线路的分段联络接线模式，这种接线当其中一条线路故障时，整条线路可以划

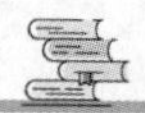

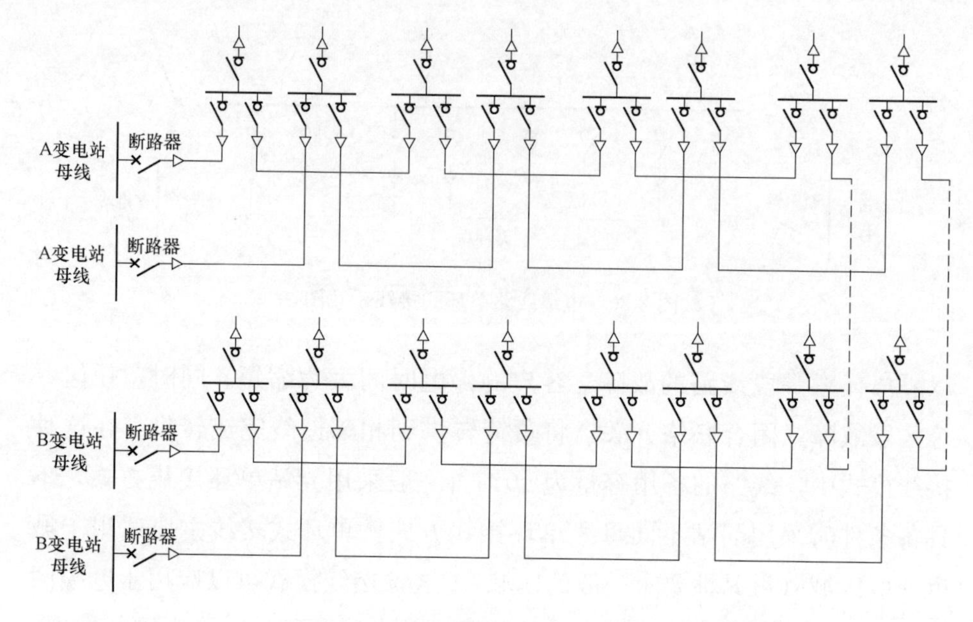

图 2-21 电缆线路双环式接线示意图

分为若干部分被其余线路转供，供电可靠性较高，运行较为灵活。双环式可以使客户同时得到两个方向的电源，满足从上一级 10kV 线路到客户侧 10kV 配电变压器的整个网络的 $N-1$ 要求，主干线正常运行时的负载率为 50%～75%。双环式接线适用于城市核心区、繁华地区，重要电力用户供电以及负荷密度较高、可靠性要求较高的区域。

双环式结构具备了对射网、单环网的优点，供电可靠性水平较高，且能够抵御变电站故障全停造成的风险。双环网所带负荷与对射网、单环网基本相同，但间隔占用较多，电缆长度有所增加，投资相对较大。

3. 网架结构的故障抵御能力

当中压配电网的上级电源发生变电站全停或同路径双电源同时故障时，中压电网结构的抵御能力如下：

（1）单电源网络无法抵御变电站全停故障；

（2）10kV 架空网为多分段单联络时，联络开关的另一电源与该架空网电源来自同一变电站时，变电站全停后无法恢复供电。联络开关的另一电源与该架空网电源来自不同变电站时，变电站全停后通过合入联络开关恢复供电。后者的风险明显小于前者。

（3）10kV 架空网为多分段适度联络时，联络开关的其他电源与该架空网电源来自同一变电站时，变电站全停后无法恢复供电。

（4）10kV 电缆双射网变电站全停后无法恢复供电。由于双射网的电缆绝大多数为同路径敷设，路径故障发生时，故障点前的负荷可以在隔离故障点后恢复供电，故障点后的负荷无法恢复供电。但对射网在变电站全停及路径故障后，全部负荷均可在隔离故障点后恢复供电。

（5）10kV 单环网具有与对射网相同的抗风险能力。双射网的抗风险能力与对射网、单环网相同。

四、工业主导型城镇中压电网规划技术要领

工业主导型城镇中压配电网规划网架的配电变压器选择、网架结构选择、供电半径长度、导线截面选择等要领参考表 2-38～表 2-40 的内容。

表 2-38　　工业主导型城镇中压配电网推荐电网结构

区域类型	推荐电网结构
工业主导型城镇：负荷密度高，对供电可靠性和电能质量有特殊要求的园区	电缆网：双环式 架空网：多分段适度联络
工业主导型城镇：国家级或省级高新技术园区、城市工业集聚区或保税园区	电缆网：单环式 架空网：多分段适度联络
工业主导型城镇：一般制造产业园区各类城镇镇区	电缆网：单环式 架空网：多分段适度联络
非城市开发区域	架空网：单辐射

表 2-39　　工业主导型城镇中压配电网供电半径

区域类型	供电半径
工业主导型城镇：负荷密度高，对供电可靠性和电能质量有特殊要求的园区	不宜超过 3km
工业主导型城镇：国家级或省级高新技术园区、城市工业集聚区或保税园区	不宜超过 3km

续表

区域类型	供电半径
工业主导型城镇：一般制造产业园区 各类城镇镇区	不宜超过 5km
非城市开发区域	根据需要经计算确定

表 2-40　　工业主导型城镇中压配电网线路截面选择

110～35kV 主变压器容量（MVA）	10kV 出线间隔数	10kV 主干线截面（mm^2）		10kV 分支线截面（mm^2）	
		架空	电缆	架空	电缆
50、40	8～14	240、185	400、300	150	185
31.5	8～12	240、185	300	150	185
20	6～8	240、185	300	150	185
12.5、10、6.3	4～8	240、185	—	150	—

注　本表中导线选型信息供参考，具体选型须根据最新标准物料库并结合区域发展定位、负荷需求等信息综合考量。

【典型实例】

一、目标网架规划

1. 网格划分

基于网格划分原则，将典型实例区域划分为 9 个用电网格，网格划分及情况统计如表 2-41 和图 2-22 所示。

表 2-41　　典型实例用电网格划分情况统计表

序号	用电网格名称	用电网格编号	区域面积（km^2）	主要用地性质	区域负荷（MW）	负荷密度（MW/km^2）
1	网格 1	JX-WJJ-01	8.78	居住、商业、工业、发展备用、物流	65.26	7.43
2	网格 2	JX-WJJ-02	5.67	居住	9.39	1.66
3	网格 3	JX-WJJ-03	5.43	居住、商业	6.58	1.21

续表

序号	用电网格名称	用电网格编号	区域面积（km²）	主要用地性质	区域负荷（MW）	负荷密度（MW/km²）
4	网格 4	JX-WJJ-04	8.74	居住、工业、农业	12.62	1.44
5	网格 5	JX-WJJ-05	9.76	居住、工业、发展备用	16.48	1.69
6	网格 6	JX-WJJ-06	3.94	工业	19.25	4.89
7	网格 7	JX-WJJ-07	4.03	居住、工业、发展备用	23.10	5.73
8	网格 8	JX-WJJ-08	31.2	居住、耕地、小工业、发展备用	32.27	1.03
9	网格 9	JX-WJJ-09	49.75	居住、耕地、小工业、发展备用	72.16	1.45

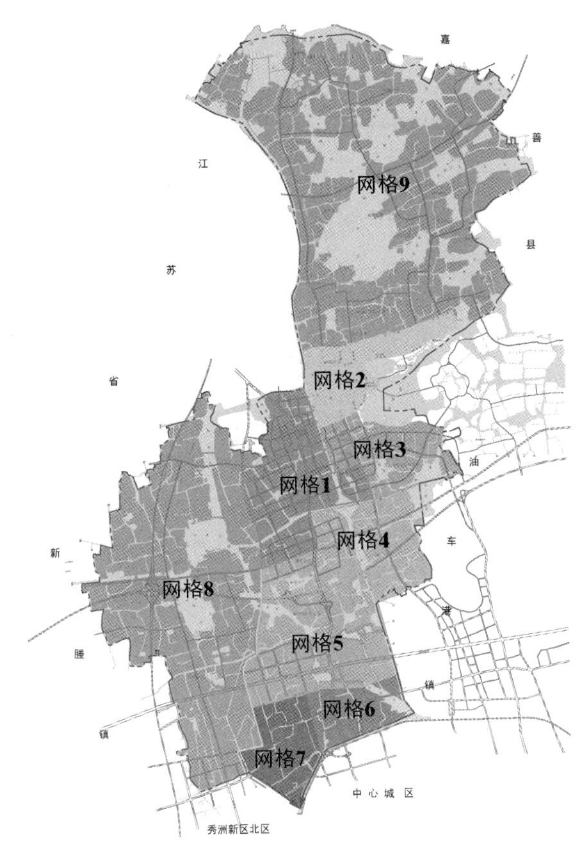

图 2-22　典型实例区域网格划分图

2. 网架规划方案

用电网格 JX-WJJ-001 规划方案如下。

（1）用电网格概况如图 2-23 所示。

图 2-23　网格用地规划图

网格编号：JX-WJJ-001。

区域概况：属于B类供电区；

区域面积：8.66km^2；

主要用地性质：居住、商业、工业、发展备用；

开发建设情况：现状网格内主要用户为纺织、喷织工业用户，其余为居民用电、商业用电和市政设施用电。网格内近期在建或报装用户较多。工业用户主要有四家纺织业、一家金属加工业。其他用户主要有3家房地产企业。

现状供电电源：11kV虹阳变电站、110kV王江泾变电站；共有10kV公用线路18回，其中110kV虹阳变电站6回，110kV王江泾变电站12回；

存在的主要问题：10kV线路重载1回；单辐射线路2回；不满足$N-1$校验4回；10kV线路装接容量大于12MVA的有3回。

（2）远景目标网架规划方案。

供电电源：110kV王江泾变电站、110kV太平变电站（远景规划）、110kV虹阳变电站。

最大负荷：77.91MW（远景）。

负荷密度：9.00MW/km^2。

组网模式：电缆双环网、电缆单环网、单联络。

目标网架简介：至远景规划供电线路28回，其中110kV王江泾变电站16回，110kV太平变电站4回、110kV虹阳变电站8回，形成4组双环网、1组单环网、5组单联络；线路平均供电负荷2.78MW，线路平均供电半径2.69km。

供电可靠率：99.975 8%。

网格远景目标网架拓扑及地理接线如图 2-24 和图 2-25 所示。

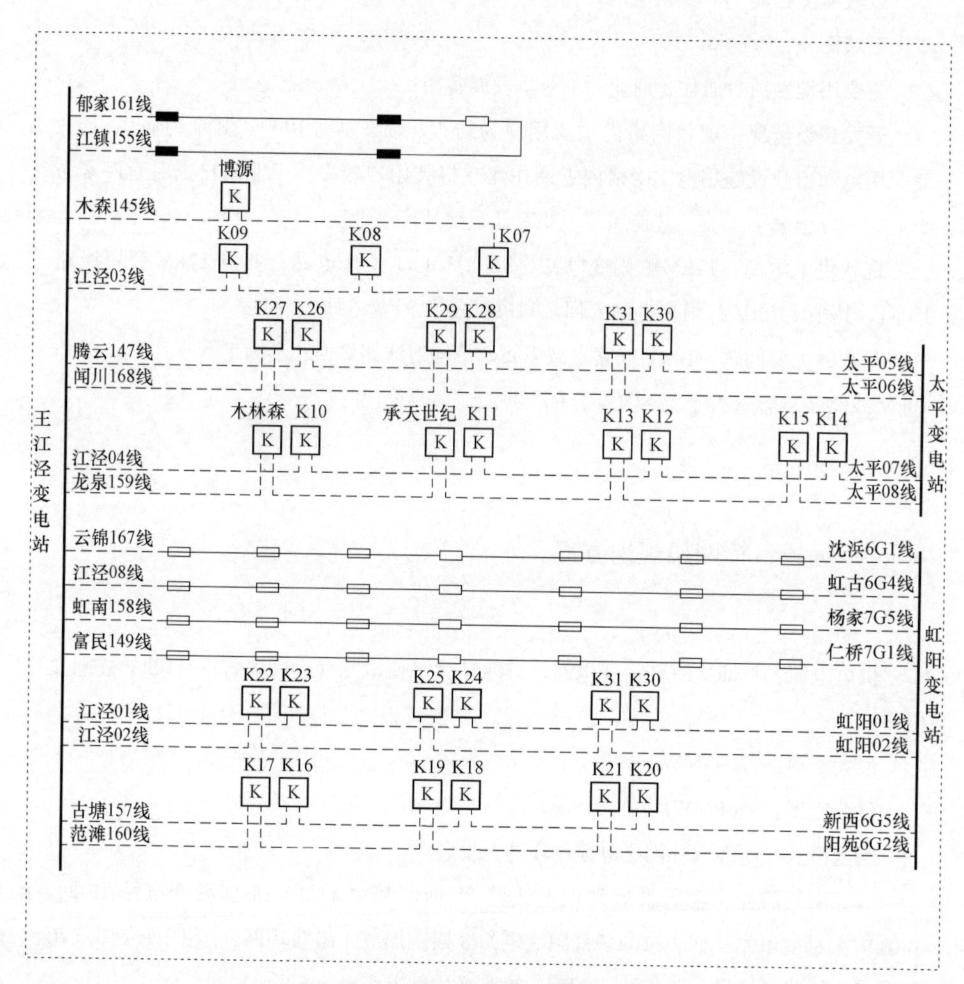

图 2-24 网格远景目标网架拓扑图

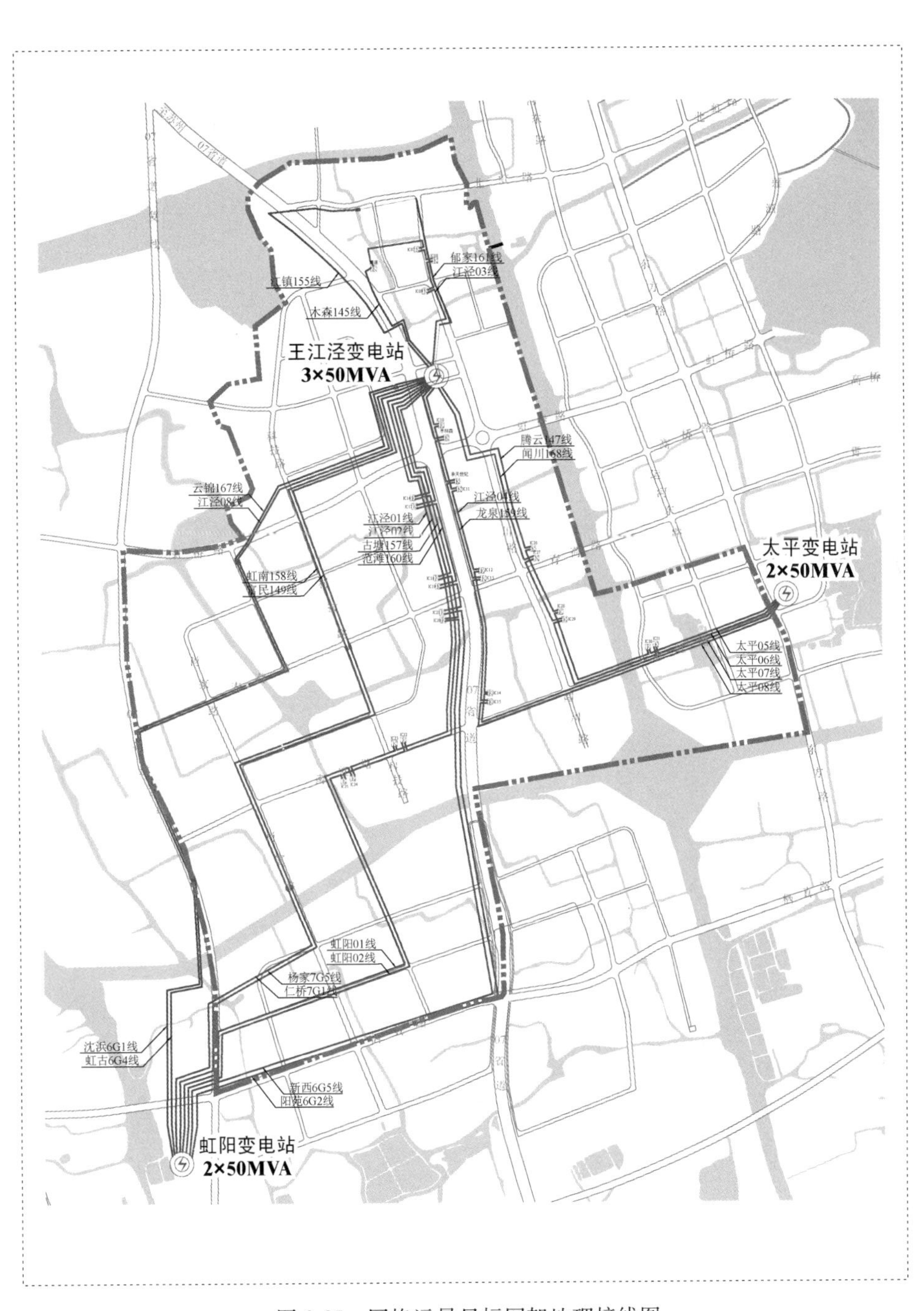

图 2-25　网格远景目标网架地理接线图

二、近期规划方案

JX-WJJ-01 网格 2017～2020 年过渡规划简介

供电电源：110kV 王江泾变电站、110kV 虹阳变电站；

最大负荷：65.26MW（现状）、68.96MW（2020 年）；

负荷增长点：网格内近期在建或报装用户较多。工业用户主要有 4 家纺织业、一家金属加工业。其他用户主要有 3 家房地产企业。

建设标准：架空电缆混合电网，既有电缆单环网和双环网，又有架空分段联络接线。

过渡规划方案总体说明：通过 110kV 虹阳变电站新建 10kV 出线逐步优化网络结构，满足该区域新增负荷；同时对现有 10kV 线路进行改造，提高负荷转移能力。

建设规模：新建电缆线路 16.8km，新建开关站 2 座，环网单元 4 座，柱上开关 1 台。

建设投资：1473.22 万元。

序号	投运时间	工程名称	电压等级(kV)	线路		开关			配电变压器								投资(万元)
									配电室			箱变			柱上变		
				架空(km)	电缆(km)	开关站(座)	环网单元(座)	柱上开关(台)	座数(座)	台数(台)	容量(kVA)	座数(座)	台数(台)	容量(kVA)	台数(台)	容量(kVA)	
1	2017	某市 110kV 虹阳变电站 10kV KJ 线新建工程	10		4		4										278.31
2	2017	某市 110kV 虹阳变电站 10kV 线路调整 HS 线负荷新建工程	10		4												260.17
3	2017	某市 110kV 王江泾变电站 10kV HN 线负荷调整工程	10		4.3			1									345.25
4	2018	某市 110kV 王江泾变电站电缆网完善工程	10		4.5	2											589.49

工程名称：某市110kV虹阳变电站10kV科技线新建工程

建设目的：随着某市实例区招商引资与建设力度的加大，小城市建设过程中，负荷区域布置调整，为该区域的用户及时接入提供保障，缓解区域用电紧张局面，同时可分流 王江泾变电站负荷，为优化电网结构，扩展电缆网络覆盖面积打下基础。

工程说明：自110kV虹阳变新出1回10kV电缆线路至10kV明效开关站，从而完成110kV虹阳变电站转供110kV王江泾变电站10kV负荷，并加强两变电所间联络。

建设规模：本工程电缆出线长度约4km，型号为ZC-YJV22-8.7/15-3×300；电缆分支箱4台。

建设时间：2017年。

建设投资：278.31万元。

工程名称：某市110kV虹阳变电站10kV线路调整虹双线负荷新建工程

建设目的：随着实例区南部区域的开发建设，用电需求持续走高，电力供需矛盾日益突。有必要对该地块进行电缆网络完善，满足新增负荷的接电要求，为形成虹阳变电站与王江泾变电站的联络与负荷的转供提供条件。

工程说明：虹阳变新建1路电缆至龙泉159线32号杆，完善该区域电缆网架结构，分流LQ159线负荷。

建设规模：本工程电缆长度约4.0km，电缆规格为ZC-YJV22-8.7/15-3×300；新增电缆中间接头5个，10kV电缆分支箱4个，电缆户内终端头9个，电缆户外终端头1个。新装柱上负荷开关1副。新建管道300m，电缆井6个，电缆分支箱基础4只。

建设时间：2017年。

建设投资：260.17万元。

工程名称：某市110kV王江泾变电站10kV虹南线负荷调整工程

建设目的：随着实例区南部区域的开发建设，用电需求持续走高，电力供需矛盾日益突。有必要对该地块进行电缆网络完善，满足新增负荷的接电要求，为形成虹阳变电站与王江泾变电站的联络与负荷的转供提供条件。

工程说明：虹阳变电站新建1路电缆至现状某10kV线路32+1号杆，完善该区域电缆网架结构，分流现状线路负荷。管道利用政府建设的管道。本工程在政府建设的管道后，需要新建管道，方便电缆上杆。

建设规模：本工程电缆长度约4.3km，电缆规格为ZC-YJV22-8.7/15-3×300；新增电缆中间接头6个，10kV电缆分支箱4个，电缆户内终端头9个，电缆户外终端头1个。新装柱上负荷开关1副。新建管道280m，电缆井6个，电缆分支箱基础4只。

建设时间：2017年。

建设投资：345.25万元。

实例区2017年项目实施前后10kV地理接线对比图如图2-26所示。

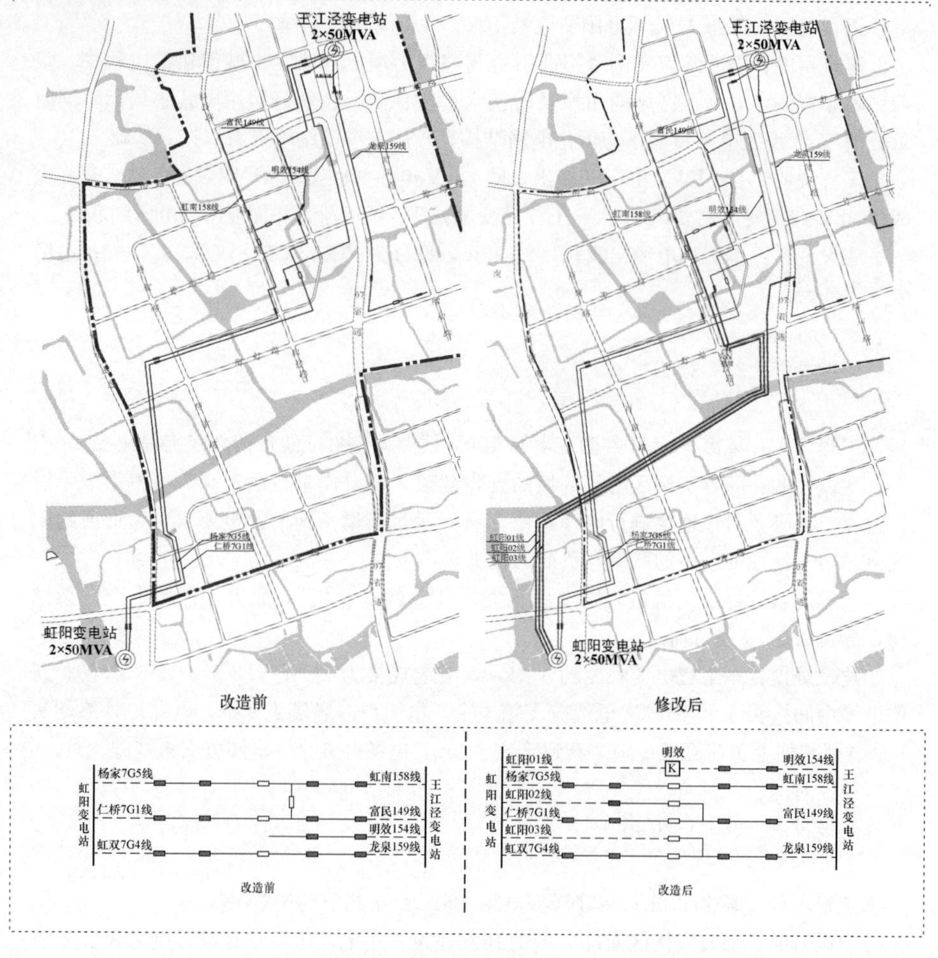

图 2-26　实例区 2017 年项目实施前后 10kV 地理接线对比图

工程名称：某市 110kV 王江泾变电站电缆网完善工程

建设目的：随着架空线路接入的小区开关站越来越多，线路负荷也与日俱增，出现重载情况，有必要将小区开关站接入电缆网。2015 年夏季高峰郁家 161 线负载率超过 90%。另外，为完善配电网接线，有必要将电缆网和架空网分开，形成典型接线模式。

工程说明：110kV 王江泾变电站新建一回电缆线路至博源开关站，环入两座开关站、开关站及 2 个规划在建环网柜，接入对端线路形成电缆单环网接线。

建设规模：本工程电缆出线长度约 4.5km，型号为 ZC-YJV22-8.7/15-3×300；开关站 2 座。

建设时间：2018 年。

建设投资：589.49 万元。

实例区 2018 年项目实施前后 10kV 地理接线对比图如图 2-27 所示。

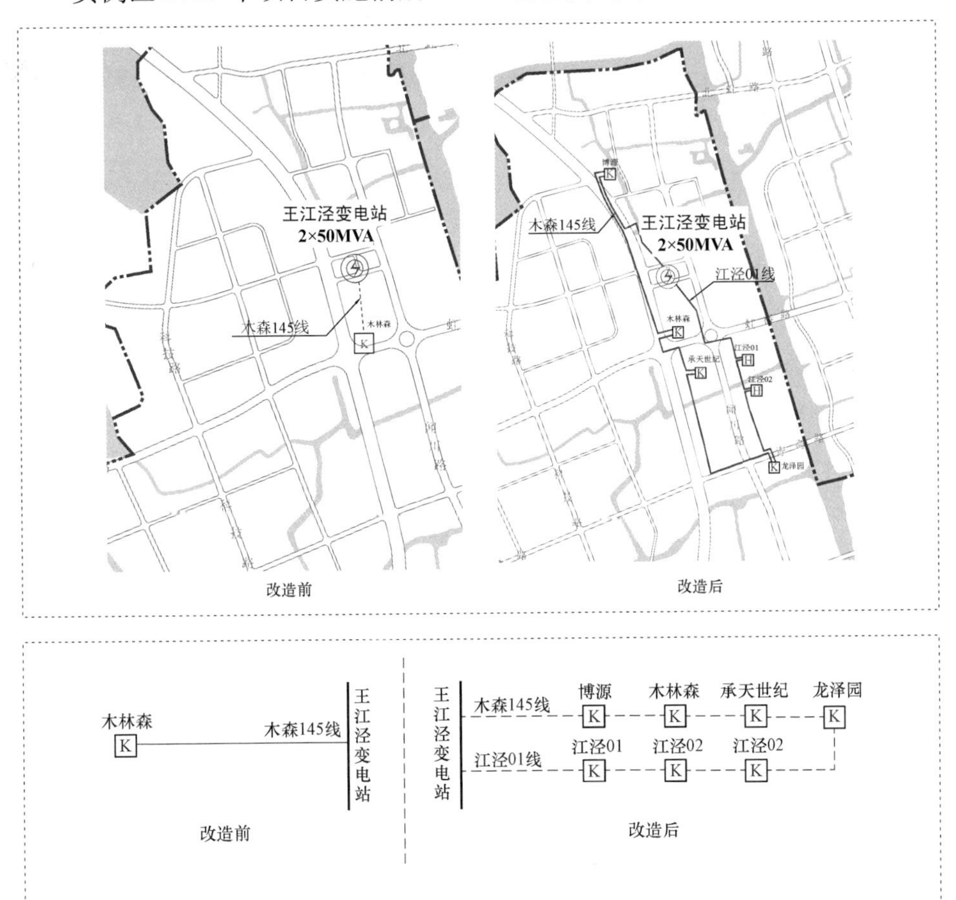

图 2-27 实例区 2018 年项目实施前后 10kV 地理接线对比图

三、大型数据中心供配电系统

1. 负荷分析

数据中心用电量巨大，远远超过了办公、酒店、商场等一般建筑。数据机房内服务器自身的负荷密度就达到了 10kW/m^2；同时，维持服务器正常工作的制冷设备、精密空调等辅助设备的用电量也比普通的建筑要大很多。要预估一个数据中心的整体用电量，需参照数据中心能量使用效率 PUE（Power Usage Effectiveness）的概念，*PUE* 值由式（2-1）得出

$$PUE=\frac{\text{数据中心总能耗}}{\text{IT 设备能耗}} \tag{2-1}$$

PUE 值是数据中心的综合节能指标，反映了数据中心能量利用效率。国内已建成的数据中心 *PUE* 值一般为 2.1～2.4，国际上一些绿色数据中心 *PUE* 值可以降到 1.6～1.8。

本数据中心在方案阶段就考虑了诸多节能措施，例如，在建筑设计上采用恰当的保温措施，采用导光筒以降低照明耗能，同时配备能耗监测系统，通过先进设备辅以科学管理来降低能耗。此次设计的 *PUE* 取值为 2，即 IT 设备能耗与辅助设备能耗接近，这样 IT 设备与辅助设备可以分别由相同容量的两套变压器组供电，整个供电系统简洁明了，便于后期运行维护。

(1) IT 机房部分负荷统计。图 2-28 是本项目其中一个数据机房模块的平面图。根据业主提供的资料，1 号机房和 2 号机房为 T3 机房，服务器总功率均为 568kW；3 号机房和 4 号机房为 T4 机房，服务器总功率均为 497kW；网络机房 A 和 B 为 T4 机房，服务器总功率均为 54kW；高密机房一区和二区为 T3 机房，服务器总功率均为 848kW；高密集装箱机房 A 和 B 为 T3 机房，服务器总功率均为 864kW。

由于 T4 机房电气系统完全备份，其负荷按照两倍计算。采用需要系数法确定计算负荷

$$P_{C}=K_{\Sigma P}\sum(K_{X}P_{e})=6764\text{kW} \tag{2-2}$$

$$Q_{C}=K_{\Sigma Pq}\sum(K_{X}P_{e}\tan\varphi)=5965\text{kvar} \tag{2-3}$$

其中，K_X取 1.0，$\cos\varphi$ 取 0.75，$K_{\Sigma P}$取 1.0，$K_{\Sigma Pq}$取 1.0。

因为 IT 设备需要 UPS 供电，还涉及 UPS 选型问题，因此考虑选用 4 台（两组）2500kVA 变压器，每台变压器无功补偿量 Q_e取 1000kvar。

将高密机房一区、二区，高密集装箱机房 A 和 B 用一组变压器供电（TA1、TA2），该组负荷全部为 T3 服务器；其余服务器用另一组变压器供电（TA3、TA4），该组负荷同时含 T3 和 T4 服务器。

同时考虑变压器损耗、UPS 损耗，用需要系数法计算，各项计算系数取值不变，可以得到 TA1 和 TA2 计算负荷率为 73.2%。

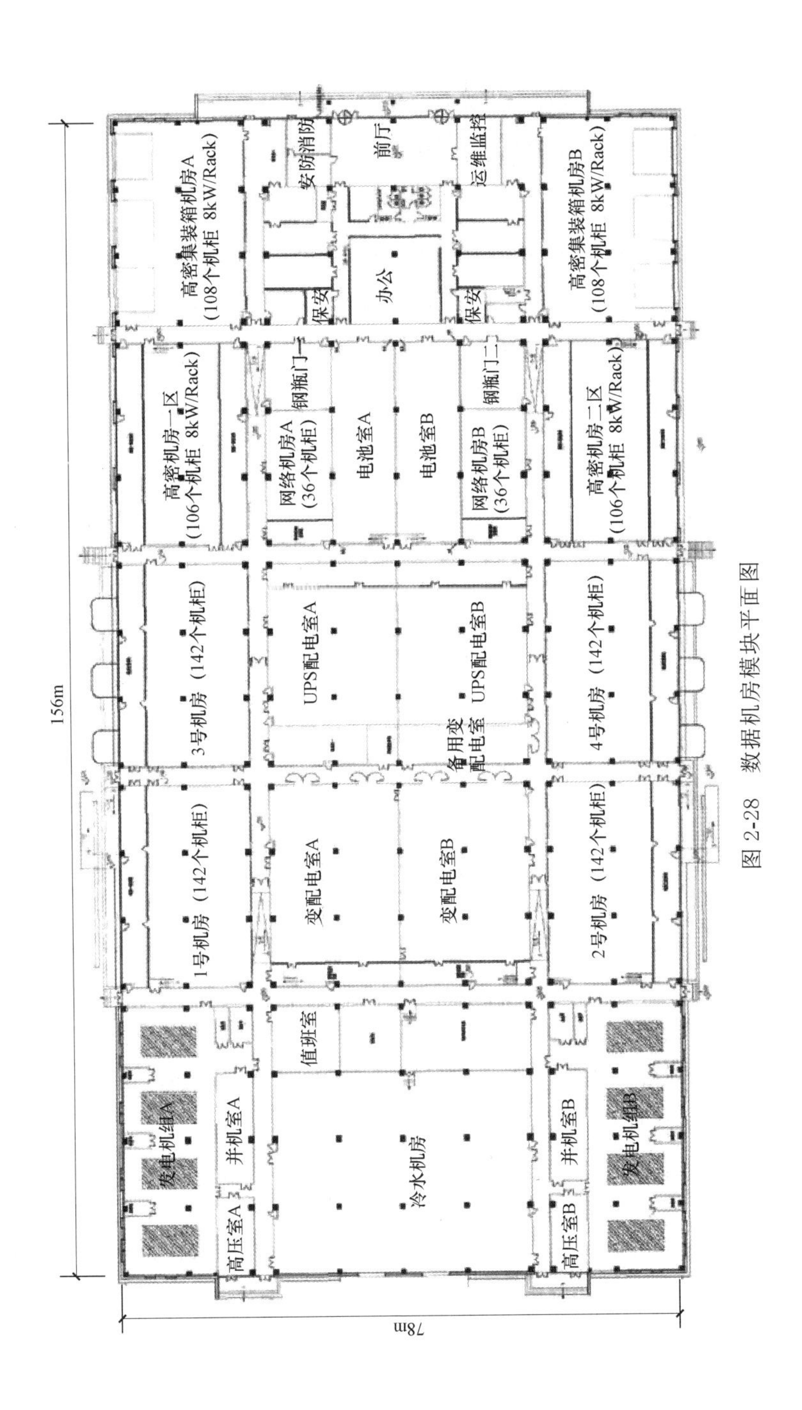

图 2-28　数据机房模块平面图

当T3和T4机房IT负荷均分在TA3和TA4上时，变压器计算负荷率是51.3%；当其中一台变压器故障，T4机房IT负载全部由其中一台变压器（TA3或TA4）供电时，该变压器的计算负荷率是67.7%。

上述计算得到的变压器负荷率看似偏低，实际情况比计算要复杂得多；UPS的效率只有88%左右，电池充电也要占用一定的容量。加之服务器更新换代比较快，几年之后，机房内可能就要增添或更换更强大的IT设备，因此变压器容量留有一定裕度。

（2）辅助设备部分负荷统计。数据中心辅助设备包括精密空调、冷水机组、冷冻机组、冷却塔等，还包括照明、消防系统、各类监控系统、柴油机房电源等。根据*PUE*值取2（即辅助设备和IT设备用电量相当），可以设置相同容量的4台2500kVA变压器（两组）为辅助设备供电。

第一组变压器供电的设备统计如表2-42所示，正常供电状况下每台变压器计算负载率约47%；一台变压器停运情况下，另一台变压器的极限负荷率约89%。

表2-42 第一组变压器负荷统计

设备	功率（kW）	设备	功率（kW）
冷水机组	395×2	冷却塔	36×2
冷冻水泵	55×2	其他水泵	40
1~4号机房精密空调	87×4	应急照明即消控室	80
网络机房精密空调	14×2	安防、运维、调试、值班	130
UPS配电间精密空调	30×2	机房、办公、照明	260
其他普通空调	60	办公区空调	85
冷却循环水泵	75×2		

第二组变压器供电的设备统计如表2-43所示，正常供电状况下每台变压器计算负载率约45%；一台变压器停运情况下，另一台变压器的极限负荷率约85%。

表 2-43　　第二组变压器负荷统计

设备	功率（kW）	设备	功率（kW）
冷水机组	395×2	集装箱 A、B 精密空调	150×2
冷冻水泵	55×2	高压、低压配电室电源	160
冷却循环水泵	75×2	事故风机（平时用）	150
冷却塔	36×2	柴油机房动力	100×2
高密一区、二区精密空调	130×2		

除办公区空调外，其余负荷都是双电源供电，在一台变压器停运时由另一台变压器供电，因此，正常运行时变压器计算负荷率会偏低。辅助设备中电力电子设备比较多，会增加供电系统谐波含量，后续安装调试需要根据现场测试情况，增加有源滤波设备。

2. 供配电设计

(1) 市电接入。该项目位于市郊新建产业园区，该产业园区设置了一个 110/10kV 变电站，距离该项目小于 500m，变电站的设计已充分考虑了数据中心的供电要求。

该项目每个数据机房模块均采用两路 10kV 电源供电，经不同路由接入。在模块内设置高压配电室 A 和 B，两个高压配电室之间保留 40m 以上的距离，以确保两个高压配电室不至于同时损坏。模块平面设计不仅满足变电站和 UPS 配电室深入负荷中心的要求，还呈轴对称。由此，各类负载、供配电系统也相应呈现出对称性，展现了对称之美。

(2) 备用电源选择。该工程属于用电量大的 A 级机房，其中的绝大部分负荷都需要进行备份。本次设计采用柴油发电机作为后备电源，当两路市电都停电时，柴油发电机能承担数据中心全部重要负荷。

由于低压电气设备容量比较小，低压柴油发电机组并机后容量不宜太大。加之大容量的母线和 ATS（自动转换开关）造价过高，并且要求低压发电机房靠近配电室，所以对于中小型数据中心，根据负荷大小可以选用低压发电机组。而像这样的大型数据中心，宜采用10kV发电机组。

(3) 10kV发电机组配电方案。每个数据机房模块配置8台2500kW发电机作为后备电源。其中，T4机房对应两台发电机，发电机组采用2N冗余模式；T3机房对应6台发电机，发电机组采用N+1冗余模式。后备电源容量能够满足模块内所有用电设备的需求。发电机电源配出柜同样分为A、B两组，分布在两个高压室旁。高压发电机采用单母线加联络开关的方式并机。任意一路高压电源出现故障，对应的发电机组会自动快速启动，恢复高压供电。高压系统拓扑图如图2-29所示。

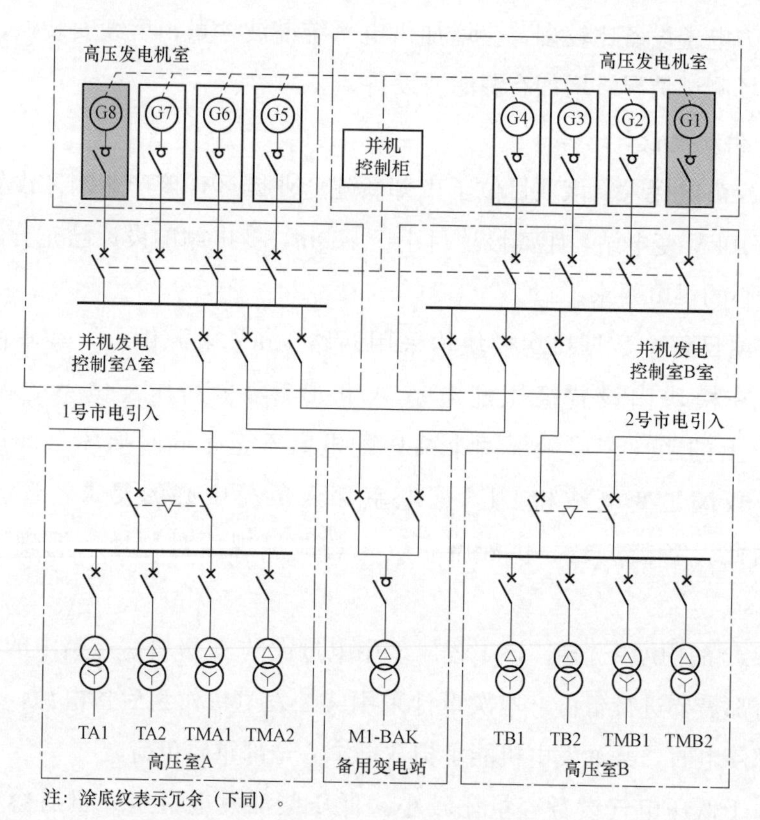

图2-29 高压系统拓扑图

（4）IT机房部分供配电设计。

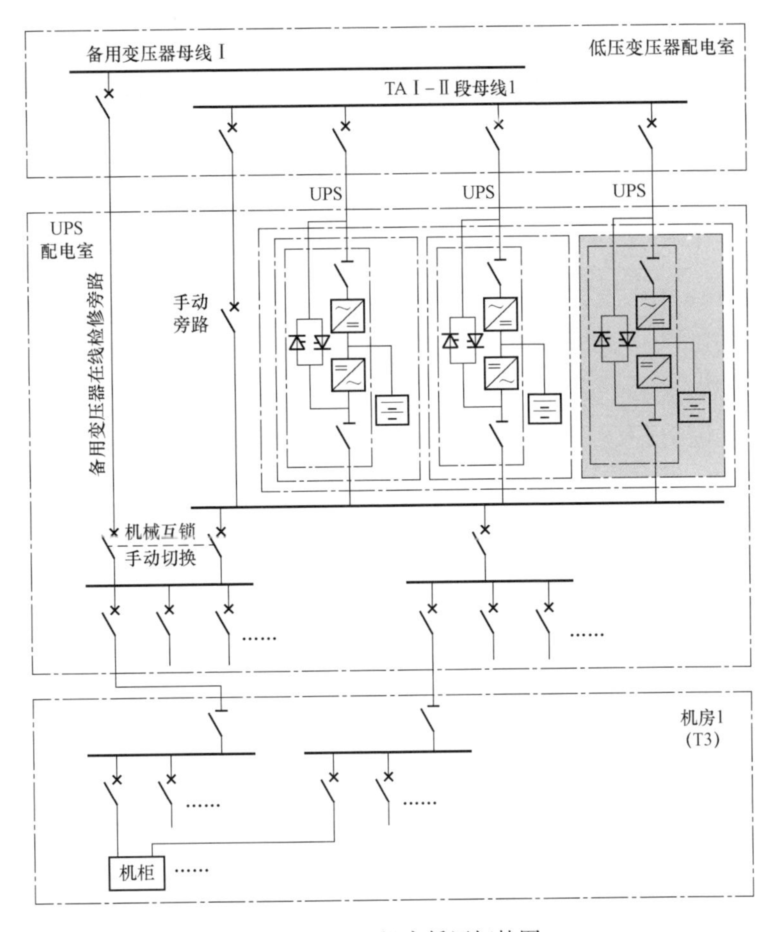

图2-30　T3机房低压拓扑图

该工程既包含了T3机房，又包含了T4机房，其供电方案采用了不同的备份模式。图2-30是其中一个T3数据机房的低压拓扑图。T3机房只有一套UPS供电设备，由于设置了高压柴油发电机，高压侧长时间断电的概率极小，可以满足T3机房的供电要求。T3机房IT设备的UPS设置采用$N+1$的模式，即两用一备。T3机房供电设备需要检修时，启动柴油发电机，由备用变压器直接向T3机房的IT设备供电，即可在线维护。

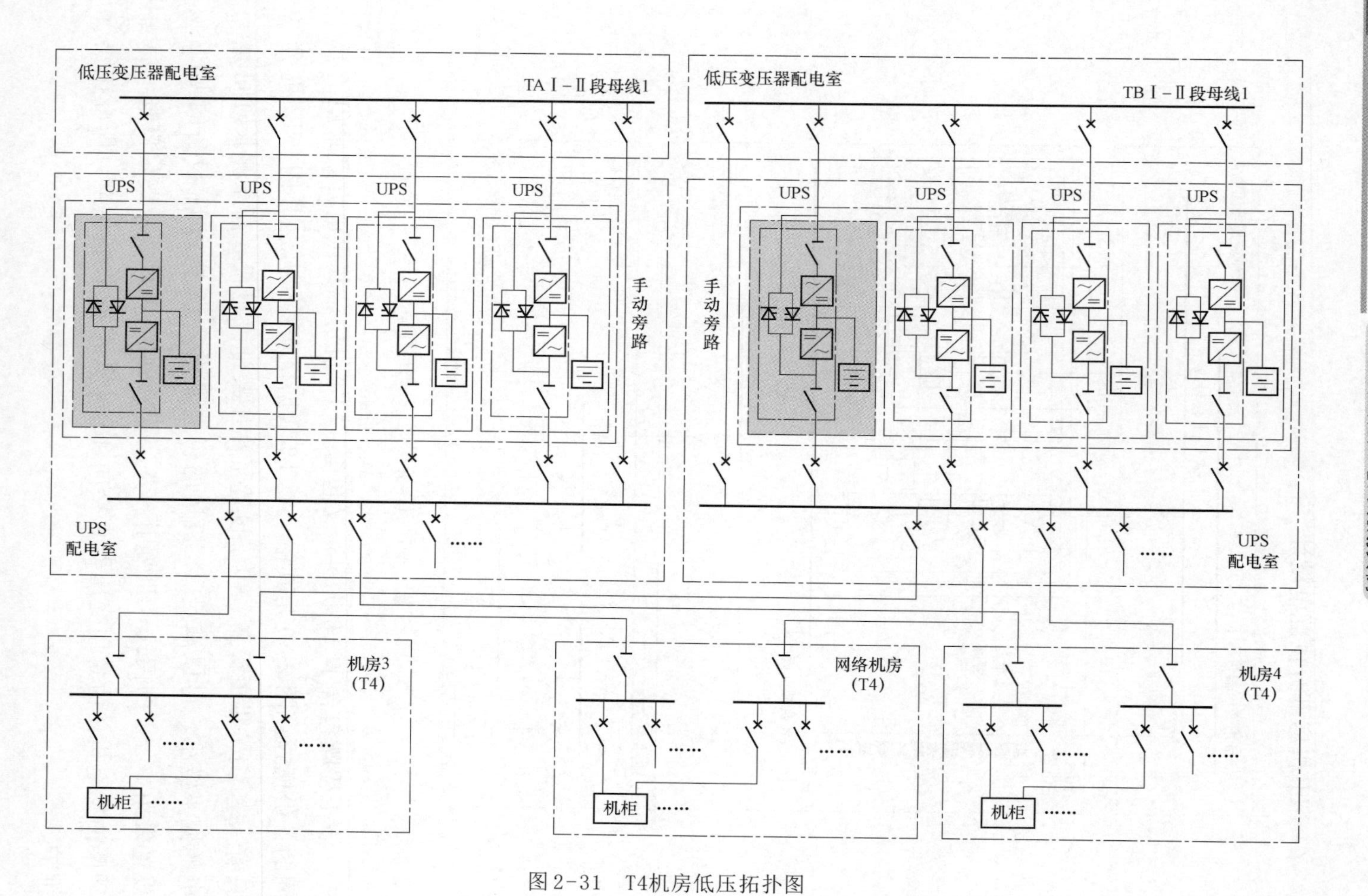

图 2-31　T4机房低压拓扑图

图 2-31 是 T4 数据机房的低压配电拓扑图。T4 机房低压配电设备全部备份，UPS 也全部备份并设置冗余，即 2（N+1）的形式。一路低压配电设备检修时，由另一路承担全部 T4 机房负载。

（5）辅助设备部分供配电设计。数据机房中，大部分的辅助设备都属于尤其重要的负荷，需要由 UPS 供电，例如：管理监控设备、门禁系统、火灾监控系统等弱电设备，精密空调、冷冻水泵等重要环境调节设备。此类设备正常情况下由一路 UPS 供电，检修情况下由另一路普通电源供电。

其余的需要双电源供电的设备有：冷水机组、变电室空调、事故风机、消防动力设备、机房照明等。只有办公照明、空调、公共走道照明、检修用电等可以由单电源供电。

项目三

商业贸易型城镇配电网规划

【项目描述】

本项目介绍商业贸易型城镇高中压配电网的特点及其规划。

任务一　商业贸易型城镇配电网现状评估

【任务描述】

本任务内容为对商业贸易型城镇现状配电网进行调研，分析配电网网架结构、运行指标、设备状况等方面的实际情况，找出配电网存在的问题。

【典型实例】

一、高压电网现状分析

典型实例区内有110kV变电站1座，为110kV石堰变电站，主变压器2台，变电容量为100MVA，区外有110kV变电站3座，分别为110kV亚太变电站、汇龙变电站和余新变电站，主变压器3台，变电容量为540MVA。典型实例区及周边高压变电站设备情况分析如表3-1所示。

表3-1　典型实例区及周边高压变电站设备情况分析

变电站名称	电压等级（kV）	主变压器编号	主变压器容量（MVA）	10kV出线间隔总数	10kV已出线间隔数	主变压器实测日负荷（MW）	主变压器负荷实测日负载率（%）
石堰变电站	110	1号	50	24	15	—	—
		2号	50			—	—
汇龙变电站	110	1号	40	28	28	34.96	92.00
		2号	40			36.78	96.80
亚太变电站	110	1号	50	30	30	36.47	76.78
		2号	50			39.66	83.50
余新变电站	110	1号	50	29	29	31.92	67.21
		2号	50			35.80	75.36

目前110kV亚太变电站、余新变电站、汇龙变电站均没有剩余可用10kV间隔，出线间隔较为紧张。随着铁路站北侧的开发建设，典型实例区北侧的110kV汇龙变电站负荷实测日的主变压器负载率已超过90%，处于重载运行状态，且无可使用的10kV出线间隔，将无法满足新开发区块的供电需求。典型实例区南侧为110kV余新变电站，目前两台主变压器的负载率均比较高，但已无可用10kV间隔，虽然现状有2回10kV线路为典型实例区南部供电，但受高铁的阻隔，110kV余新变电站供电范围将主要为商务区高铁以南区域。

二、中压电网现状分析

（一）装备水平评估

典型实例区配电网线路评估情况如表3-2所示。

表3-2　典型实例区配电网线路评估表

序号	变电站名称	线路名称	线路总长度（km）	电缆线长度（km）	绝缘线长度（km）	主干线型号	投运时间
1	八联变电站	DC4G2线	18.47	1.59	16.89	YJV-3×240、JKLYJ-185	2016/1/14
2	余新变电站	CY527线	3.53	3.53	0.00	YJV-3×300	2016/1/20
3	余新变电站	MJ508线	20.01	5.69	14.32	NRSY-10/3.2、JKLYJ-185	2004/11/1
		……					

由表3-2可知，典型实例区现状10kV电缆线路主干截面以400mm^{2}和300mm^{2}为主，架空线路主干截面主要以185mm^{2}为主，27回10kV线路中仅有2回线路主干截面不符合导则要求，所有线路运行年限均在20年以内，总体运行情况良好。线路总长度为259.75km，电缆长度为177.10km，电缆化率为68.18%，绝缘化率为100%。

（二）电网结构及供电能力评估

1．线路$N-1$校验情况

目前共有27回10kV线路向典型实例区内供电，其中有12回线出自汇龙变电站，12回线出自石堰变电站，1回线出自八联变电站，2回线出自余新变电站。目前运行总体情况较为良好，具体情况如表 3-3 所示。

表 3-3　　典型实例区中压线路设备情况分析

序号	变电站名称	线路名称	性质	接线模式	投运时间	$N-1$ 校验	故障转供负荷比例	联络线路 1	联络线路 2
1	八联变电站	DC4G2 线	公用	两联络	2016/1/14	是	100	YH528 线	JQ1G7 线
2	余新变电站	CY527 线	专用	单辐射	2016/1/20	否	—	—	—
3	余新变电站	MJ508 线	公用	多联络	2004/11/1	是	100	CZ507 线	WX672 线
		……							

由表 3-3 可知：

（1）典型实例区现状 27 回 10kV 线路中有 1 回为专用线路线路，26 回公用线路中有 1 回单辐射线路，环网率为 96.15%。

（2）共有 3 回公用线路不能满足 $N-1$ 校验，其中 2 回为单环网线路，1 回为单辐射线路，$N-1$ 通过率为 88.46%。

2. 线路分段情况

通过对典型实例区内线路分段数量和分段容量的分析可知，典型实例区内现状 27 回 10kV 公用线路中有 8 回不符合导则中规定线路的分段数量和分段容量要求，有 9 回线路装接容量超过了 12MVA。典型实例区内 10kV 线路主干分段装接容量线路明细如表 3-4 所示。

表 3-4　　典型实例区 10kV 线路分段装接容量明细表

序号	变电站名称	线路名称	性质	分段数	第一段分段容量（kVA）	第二段分段容量（kVA）	第三段分段容量（kVA）	第四段分段容量（kVA）	第五段分段容量（kVA）
1	八联变电站	DC4G2 线	公用	4	3275	3760	4225	3970	0
2	余新变电站	CY527 线	专用	2	0	0	0	0	0
3	余新变电站	MJ508 线	公用	3	2400	4500	7165	0	0
		……							

3. 线路负载率

现状典型实例区的 26 回 10kV 公用线路中有 2 回线路处于重载运行状

态。具体线路情况如表 3-5 所示。

表 3-5　　典型实例区 10kV 线路负载率明细表

序号	变电站名称	线路名称	线路最大负载率（%）	配电变压器台数（台）	配电变压器容量（kVA）
1	八联变电站	DC4G2 线	50.79	59	15230
2	余新变电站	CY527 线	3.77	0	0
3	余新变电站	MJ508 线	49.02	43	14065
		……			

三、现状电网存在的问题

1. 电网结构

（1）典型实例区现状 26 回公用线路中共有 1 回单辐射线路，环网化率为 96.15%。

（2）现状 26 回 10kV 公用线路中有 8 回不符合导则中规定线路的分段数量和分段容量要求，有 9 回线路装接容量超过了 12MVA。

（3）有效联络占比较低，虽然环网化率较高达到 96.15%，但是仍有 2 回线路不能通过 $N-1$ 校验，通过率仅为 88.46%。

2. 装备水平

（1）典型实例区现状 10kV 电缆线路主干截面以 400mm^2 和 300mm^2 为主，架空线路主干截面主要以 185mm^2 为主，27 回 10kV 线路中仅有 2 回线路主干截面不符合导则要求。

（2）典型实例区 27 回线路总长度为 259.75km，电缆长度为 177.10km，电缆化率为 68.18%，绝缘化率为 100%。

3. 供电能力

典型实例区 26 回公用线路中，现状共有 2 回线路负载率大于 80%，重载。

任务二　商业贸易型城镇配电网负荷预测

》【任务描述】

本任务主要内容是在正确的理论指导下，在调查研究掌握详实资料的基础上，对商业贸易型城镇电力负荷的发展趋势做出科学合理的推断。

》【典型实例】

一、负荷预测指标选取

本次规划空间负荷密度指标主要参照《配电网规划设计手册》（征求意见稿）中基于2010～2015年实例地区供电公司典型用户最高负荷日实测统计所得出的各类用地负荷密度指标，并结合地区经济社会发展情况和地理环境、经济结构等因素综合，对手册中负荷密度推荐数值进行计算、校验和修正，从而得出适用于本次规划空间负荷预测的负荷密度指标体系。典型实例区最终负荷密度指标及需用系数选取见表3-6。

表3-6　　典型实例区最终负荷密度指标及需用系数选取

用地名称			负荷密度（MW/km^2）			负荷指标（W/m^2）			需用系数
			低方案	中方案	高方案	低方案	中方案	高方案	
R	R1	一类居住用地	—	—	—	25	30	35	0.5
	R2	二类居住用地	—	—	—	15	20	25	0.5
	R3	三类居住用地	—	—	—	10	12	15	0.5
A	A1	行政办公用地	—	—	—	35	45	55	0.8
	A2	文化设施用地	—	—	—	40	50	55	0.8
	A3	教育用地	—	—	—	20	30	40	0.8
	A4	体育用地	—	—	—	20	30	40	0.8
	A5	医疗卫生用地	—	—	—	40	45	50	0.8
	A6	社会福利设施用地	—	—	—	25	35	45	0.8
	A7	文物古迹用地	—	—	—	25	35	45	0.8
	A8	外事用地	—	—	—	25	35	45	0.8
	A9	宗教设施用地	—	—	—	25	35	45	0.8

续表

用地名称			负荷密度（MW/km²）			负荷指标（W/m²）			需用系数
			低方案	中方案	高方案	低方案	中方案	高方案	
B	B1	商业设施用地	—	—	—	50	70	85	0.25
	B2	商务设施用地	—	—	—	50	70	85	0.25
	B3	娱乐康体用地	—	—	—	50	70	85	0.25
	B4	公用设施营业网点用地	—	—	—	25	35	45	0.25
	B9	其他服务设施用地	—	—	—	25	35	45	0.25
M	M1	一类工业用地	45	55	70	—	—	—	0.5
	M2	二类工业用地	40	50	60	—	—	—	0.6
W	W1	一类物流仓储用地	5	12	20	—	—	—	0.5
	W2	二类物流仓储用地	5	12	20	—	—	—	0.5
	W3	三类物流仓储用地	10	15	20	—	—	—	0.5
S	S1	城市道路用地	2	3	5	—	—	—	1
	S2	轨道交通线路用地	2	2	2	—	—	—	1
	S3	综合交通枢纽用地	40	50	60	—	—	—	1
	S4	交通场站用地	2	5	8	—	—	—	1
	S9	其他交通设施用地	2	2	2	—	—	—	1
U	U1	供应设施用地	30	35	40	—	—	—	1
	U2	环境设施用地	30	35	40	—	—	—	1
	U3	安全设施用地	30	35	40	—	—	—	1
	U9	其他公用设施用地	30	35	40	—	—	—	1
G	G1	公共绿地	1	1	1	—	—	—	1
	G2	防护绿地	1	1	1	—	—	—	1
	G3	广场用地	2	3	5	—	—	—	1

二、远景负荷预测

1. 各分区负荷预测

通过对典型实例区各用地性质的负荷密度选取，对典型实例区内各个地块的负荷进行详细的分析和统计，得出各地块地性质统计结果。

（1）石堰片区。典型实例区内石堰片区负荷预测结果如表 3-7 所示。

表 3-7 石堰片区负荷预测汇总表

用地性质		用地面积（hm^2）	建筑面积（万 m^2）	负荷密度（MW/km^2）			负荷指标（W/m^2）			系数	远期负荷（MW）		
				低方案	中方案	高方案	低方案	中方案	高方案		低方案	中方案	高方案
公共管理与公共服务用地（A）		45.70	44.22								11.02	13.83	16.64
其中	行政办公用地（A1）	5.79	8.69	—	—	—	35	45	55	0.8	2.43	3.13	3.82
	中小学用地（A33）	27.04	16.22	—	—	—	20	30	40	0.8	2.60	3.89	5.19
	体育用地（A41）	0.80	1.20	—	—	—	20	30	40	0.8	0.19	0.29	0.38
	医院用地（A51）	12.07	18.11	—	—	—	40	45	50	0.8	5.80	6.52	7.24
商业设施用地（B）		66.16	126.46								15.80	22.11	26.85
其中	商业用地（B1）	10.27	15.40	—	—	—	50	70	85	0.25	1.92	2.69	3.27
	零售商业用地（B11）	0.64	0.97	—	—	—	50	70	85	0.25	0.12	0.17	0.21
	商务用地（B2）	48.90	97.79	—	—	—	50	70	85	0.25	12.22	17.11	20.78
	娱乐康体用地（B3）	6.06	12.13	—	—	—	50	70	85	0.25	1.52	2.12	2.58
	公用设施营业网点用地（B4）	0.29	0.17	—	—	—	25	35	45	0.25	0.01	0.02	0.02
绿地（G）		78.84	7.15								0.80	0.81	0.82
其中	公园绿地（G1）	71.52	7.15	1	1	1	—	—	—	1	0.72	0.72	0.72
	防护绿地（G2）	6.48	—	1	1	1	—	—	—	1	0.06	0.06	0.06
	广场用地（G3）	0.84	—	2	3	5	—	—	—	1	0.02	0.03	0.04
居住用地（R）		204.81	307.21								23.04	30.72	38.40

续表

用地性质		用地面积（hm^2）	建筑面积（万 m^2）	负荷密度（MW/km^2）			负荷指标（W/m^2）			系数	远期负荷（MW）		
				低方案	中方案	高方案	低方案	中方案	高方案		低方案	中方案	高方案
其中	二类居住用地（R2）	204.81	307.21	—	—	—	15	20	25	0.5	23.04	30.72	38.40
交通设施用地（S）		98.82	0.56								1.98	2.99	4.98
其中	城市道路用地（S1）	97.42	—	2	3	5	—	—	—	1	1.95	2.92	4.87
	公共交通场站用地（S41）	0.70	0.56	2	5	8	—	—	—	1	0.01	0.03	0.06
	社会停车场用地（S42）	0.71	—	2	5	8	—	—	—	1	0.01	0.04	0.06
公用设施用地（U）		0.69	0.83								0.21	0.24	0.28
其中	供电用地（U12）	0.44	0.53	30	35	40	—	—	—	1	0.13	0.15	0.18
	排水用地（U21）	0.25	0.30	30	35	40	—	—	—	1	0.07	0.09	0.10
建设用地合计		495.02	486.43								—	—	—
水域（E1）		30.25									—	—	—
规范范围总用地面积		525.27								0.72	52.83	70.71	87.98
总负荷（计及同时率 0.72，MW）											38.04	50.91	63.35
负荷密度（MW/km^2）											7.24	9.69	12.06

根据预测结果可知，石堰片区远期预测负荷在38.04～63.35MW之间，预测负荷密度在7.24～12.06MW/km²之间。结合典型实例区发展的时机情况，本次规划中选取中方案为远景负荷预测的最终方案，石堰片区远景总负荷为50.91MW，负荷密度为9.69MW/km²。

(2) 府南片区。根据预测结果可知，府南片区远期预测负荷在39.09～63.95MW之间，预测负荷密度在8.68～14.20MW/km²之间。结合典型实例区发展的时机情况，本次规划中选取中方案为远景负荷预测的最终方案，府南片区远景总负荷为52.33MW，负荷密度为11.62MW/km²。

(3) 高铁片区。根据预测结果可知，高铁片区远期预测负荷在71.904～126.98MW之间，预测负荷密度在11.84～20.92MW/km²之间。结合典型实例区发展的时机情况，本次规划中选取中方案为远景负荷预测的最终方案，高铁片区远景总负荷为99.37MW，负荷密度为16.37MW/km²。

(4) 生态休闲区。生态休闲区远期规划主要为绿地、水域，远期预测负荷在3.64～4.51MW之间，预测负荷密度在0.40～0.50MW/km²之间，本次规划中选取中方案为远景负荷预测的最终方案，生态休闲区远景总负荷为4.07MW，负荷密度为0.45MW/km²。

2. 各片区负荷预测汇总

汇总表见表3-8，各片区间最大负荷同时率考虑0.9，规划远景年预测总负荷在137.40～232.91MW之间，平均负荷密度为5.53～9.33MW/km²。本次规划中选取中方案为远景负荷预测的最终方案，典型实例区远景总负荷为186.01MW，负荷密度为7.48MW/km²。

表3-8　　典型实例区负荷预测汇总表

片区名称	用地面积（hm²）	远期负荷（MW）		
		中方案	中方案	高方案
石堰片区	525.27	38.04	50.91	63.35
府南片区	450.27	39.09	52.33	63.95

续表

片区名称	用地面积（hm^2）	远期负荷（MW）		
		中方案	中方案	高方案
高铁片区	607.11	71.9	99.37	126.98
生态休闲区	904.26	3.64	4.07	4.51
总负荷 计及同时率 0.9（MW）	2486.91	137.40	186.01	232.91
负荷密度（MW/km^2）		5.53	7.48	9.37

三、近期负荷预测

根据对典型实例区历史负荷资料的分析，采用年均增长率法与线路负荷预测法预测近期负荷。

线路负荷预测方法分为三步：

第一步：在原有线路负荷的基础上，通过计算给定自然增长率求得线路自然增长后的负荷；

第二步：考虑近中期大用户报装，根据其报装容量以及地理位置等信息，将其折算为负荷并划分到周边线路上；

第三步：将自然增长负荷与大用户负荷累加，得到线路的预测总负荷。

该方法可简称为自然增长加大用户法，针对性和操作性较强，特别适合于大用户点负荷报装较多区块的负荷预测。

收集得到典型实例区近期大用户情况如表 3-9 所示。

表 3-9　　典型实例区近期大用户项目表

序号	用户名称	建筑面积（m^2）	用地面积（m^2）
1	某用户一期（南区）项目	80000	102000
2	某用户二期项目	100000	126866.67
3	某用户三期项目	290000	195333.33
	……		

根据以上方法，预测典型实例区过渡年负荷如表 3-10 所示。

表 3-10　　典型实例区过渡年负荷预测结果汇总表

典型实例区	2016 年	2017 年	2018 年	2019 年	2020 年	"十三五"年均增长率（%）	2030 年	2020～2030 年年均增长率（%）
负荷（MW）	52.02	57.89	64.46	71.81	80.03	11.37	186.02	8.80

根据预测结果，2018 年最大负荷约为 64.46MW，到 2020 年最高负荷达到 80.03MW，由于典型实例区现状负荷基数较小，负荷增速较高，2016～2020 年年均增长率为 11.37%，随着典型实例区开发成熟，负荷增长率趋于平缓，2020～2030 年，年均增长率约 8.80%。

任务三　确定商业贸易型城镇配电网规划目标及重点

【任务描述】

本任务主要讲解商业贸易型城镇配电网规划目标及重点、商业贸易型城镇配电网特点，及其规划工作侧重点。

【知识要点】

（1）商业贸易型城镇的城市规划特征及配电网特点。

（2）商业贸易型城镇的分类：

1）商业金融核心区域（CBD）；

2）区域性商务办公区和会展中心；

3）大型商业市场区。

【技术要领】

一、城市规划特征及配电网特点

商业贸易主导型的新型城镇规划由商业贸易区、镇区及其它非城市建设区域组成，商业贸易区一般与镇区中居住区相邻或融入至镇区规划中，形成以第三产业为主导的城市规划结构。商业贸易主导型城镇配电网的网架规划具有以下特点：

（1）商业贸易区可位于城市核心区或城市副中心，土地价值较高，电力设施所需的土地资源和通道资源相对稀缺。

（2）商业贸易中心存在超高层建筑或大面积群楼建筑，建筑内具备消防、电梯动力等重要负荷，并且人流较大，一旦出现停电事故，将造成较大经济损失和社会影响，因而其供电可靠性较高。

（3）由于商业建设地块建设密度较高，负荷密度较大，相对供电半径较低，一般电能质量不会成为规划的重点。

（4）商业贸易区一般存在地区标志性地标建筑和交通枢纽，对配电网规划建设的环境因素有较高的要求。

二、商业贸易主导型城镇的分类及其差异化的规划要求

按商业贸易涉及的建设模式，商业贸易主导型城镇可有以下 3 种分类：

（1）商业金融核心区域（CBD）。此类商业贸易区为城市核心或副中心，区内有大型公司总部或地区分部中心、大型商业集群和金融机构，存在大量的标志性建筑和交通枢纽，建筑以超高层和高层为主，是区域经济中心。此类区域呈现负荷密度高、供电可靠性要求高，如出现停电事故可能造成安全事故和社会影响。

配电网规划要求可按 DL/T 5729—2016 中 A 类供电区域标准建设。

（2）区域性商务办公区和会展中心。此类商业贸易区是城市现代化的象征与标志，是一般城市或城镇的功能核心，是经济、科技、文化的密集区。区域内将集中大量的金融、商贸、文化、服务以及大量的商务办公和酒店、公寓等设施。区域负荷密度一般高于城市周边居民区，对供电可靠性有一定的要求。

配电网规划要求可按 DL/T 5729—2016 中 B 类供电区域标准建设。

（3）大型商业市场区。大型商业区是指零售商业聚集区，包括大型批

发市场、贸易中心，建筑形式以群楼为主，可位于城市中心城区内或周边区域，相对商业金融核心区域和。商务办公区，其对周边环境的要求相对较低，但如出现停电事故，将出现较大的经济损失。

配电网规划要求可按 DL/T 5729—2016 中 B 类供电区域标准建设。

三、规划目标及重点

商业贸易主导型新型城镇的配电网规划重点在于如何保障城市中商业贸易区的用电需求和供电可靠性，如何高效利用有限的土地资源和通道资源，如何周边环境相适应。规划目标如表 3-11 所示。

表 3-11 商业贸易型新型城镇化配电网规划目标指标

类型	供电可靠性	综合电压合格率
商业金融核心区域（CBD）	用户年平均停电时间不高于 52min（≥99.990%）	≥99.98%
区域性商务办公区和会展中心大型商业区	用户年平均停电时间不高于 3h（≥99.965%）	≥99.95%
镇区	用户年平均停电时间不高于 9h（≥99.897%）	≥99.70%

任务四 商业贸易型城镇高压配电网架规划

【任务描述】

本任务主要讲解商业贸易型城镇高压电网规划特点和高压配电网规划工作具体内容。

【知识要点】

（1）商业贸易型城镇变电站选址定容：基于负荷预测结果确定区域变电站座数与主变压器容量，并根据负荷分布情况，选取变电站所在站址。

（2）商业贸易型城镇高压网典型接线模式及网络结构。

【技术要领】

商业贸易型城镇主变压器选择、适用的高压接线模式、导线截面选择分别见表3-12～表3-14。

表3-12 商业贸易型城镇主变压器的选择

电压等级	区域类型	台数（台）	单台容量（MVA）
110kV	商业贸易主导型城镇：商业金融核心区域（CBD）	3	50
	商业贸易主导型城镇：区域性商务办公区和会展中心、大型商业市场区	2	50、40
	各类城镇镇区	2	50、40
	非城市开发区域	1～2	20
35kV	非城市开发区域	1～2	3.15

注 本表中主变压器选型信息供参考，具体选型须根据最新规划原则并结合区域发展定位等信息综合考量。

表3-13 商业贸易型城镇适用的高压接线模式

电压等级	区域类型	链式			环网		辐射	
		三链	双链	单链	双环网	单环网	双辐射	单辐射
110kV	商业贸易主导型城镇：商业金融核心区域（CBD）		√	√	√		√	
	商业贸易主导型城镇：区域性商务办公区和会展中心、大型商业市场区		√	√	√		√	
	各类城镇镇区		√	√	√	√	√	
	非城市开发区域							√
35kV	非城市开发区域							√

注 对于远景3台主变压器配置的变电站，若条件允许，可优先考虑链式接线，若电源条件允许但通道受限，可考虑链式与辐射相结合的接线模式。

表3-14 商业贸易型城镇导线截面的选择

电压等级	区域类型	导线截面	电缆截面
110kV	商业贸易主导型城镇：商业金融核心区域（CBD）	$300mm^2$、$240mm^2$	$630mm^2$

续表

电压等级	区域类型	导线截面	电缆截面
110kV	商业贸易主导型城镇：区域性商务办公区和会展中心、大型商业市场区	$240mm^2$	$630mm^2$
	各类城镇镇区	$240mm^2$	$630mm^2$
	非城市开发区域	$150mm^2$	—
35kV	非城市开发区域	$120mm^2$	—

注 本表中导线选型信息供参考，具体选型须根据最新标准物料库并结合区域发展定位、负荷需求、导线所带主变数量等信息综合考量。

供电安全标准：商业金融核心区域（CBD）故障变电站所带的负荷应在15min内恢复供电；其它类型区域故障变电站所带的负荷，其大部分负荷（不小于2/3）应在15min内恢复供电，其余负荷应在3h内恢复供电。

【典型实例】

1. 供电电源规划方案

典型实例区属于区域性商务办公区和会展中心。根据《某地配电网"十三五"滚动规划修编》及《某地电力专项规划》等相关规划结果，结合本次典型实例区域电力发展需求预测结果，2018年典型实例区域新建一座110kV变电站，变电容量为100MVA，至远景年新建一座110kV变电站，变电容量为150MVA，扩建2座110kV变电站。典型实例区域内高压变电站建设如表3-15所示。

表3-15 典型实例区极其周边高压变电站建设汇总表

变电站名称	电压等级（kV）	位置	2016年	2017年	2018年	2019年	2020年	远景
石堰变	110	区内	2×50	2×50	2×50	2×50	2×50	3×50
汇龙变	110	区外	2×40	2×40	2×40	2×40	2×40	2×40
长秦变	110	区内	—	—	2×50	2×50	2×50	3×50
永明变	110	区内	—	—	—	—	—	3×50

典型实例区远期高压站点图如图3-1所示。

图 3-1　典型实例区及其周边远期高压站点图

从典型实例区及其周边供电电源点建设与改造情况看，区域整体供电能力将有明显提升，具体体现在以下两个方面：

（1）长秦变电站的建设对支撑典型实例区西部地区配电网发展起到至关重要的影响，进一步优化中压线路网架结构，提高中压线路 $N-1$ 校验通过率，加强了高压网架支撑能力，同时也满足了槜李路两侧区域快速增长的负荷需求；

（2）区外电源的新建对实例区东部地区高压供电能力提升作用明显，可以缓解现状变电站供电压力之外，还可以优化现有供电距离较长的跨区供电线路。

2. 线路规划

典型实例区功能定位为长三角城市群国际商务中心的组成区，浙江省现代服务业集聚发展示范区，某市高端要素集聚新城区和区域枢纽门户地区，因此推荐规划 110kV 线路均采用地下电缆线路。

（1）近期方案。典型实例区内新建一座 110kV 长秦变电站，主变压器 2 台。一回进线电源 T 接至某 110kV 线路；另一回进线电源来自 220kV 变电站。新建截面 630mm² 电缆线路长度约 3.59km。典型实例区近期高压网架地理接线图如图 3-2 所示。

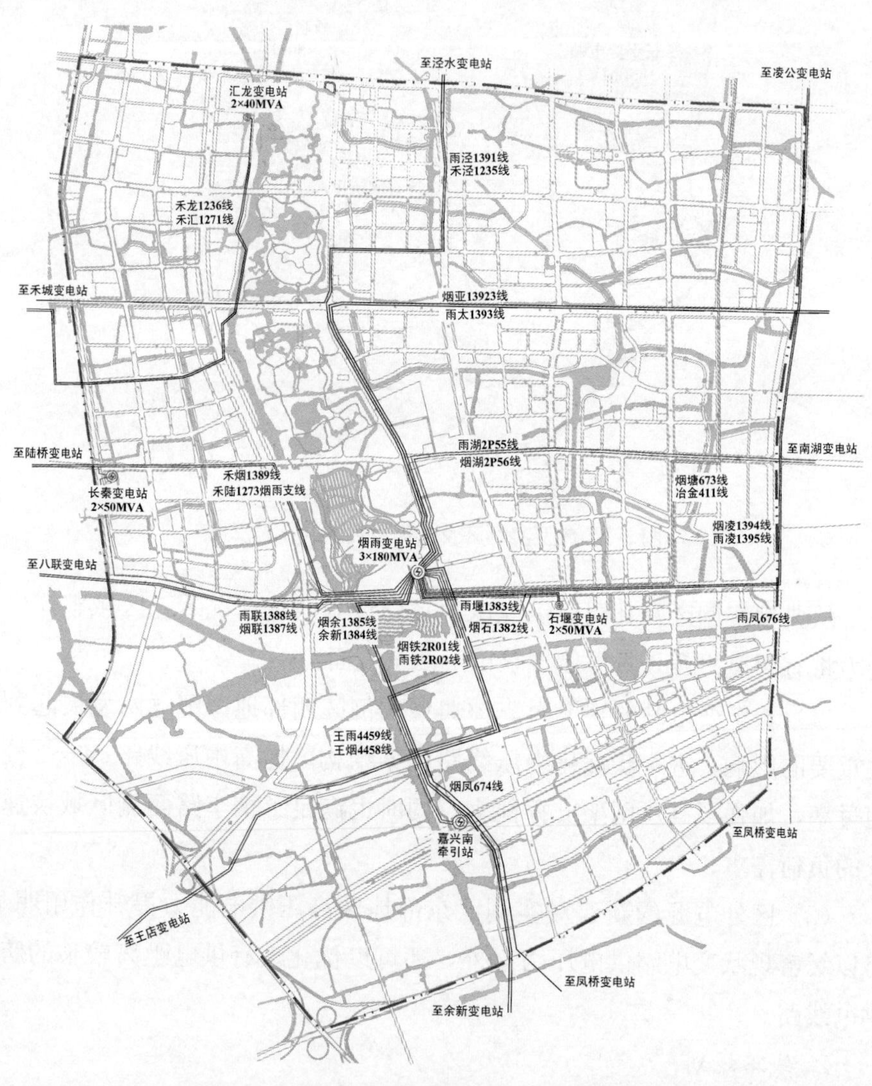

图 3-2 典型实例区近期高压网架地理接线图

（2）远期方案。规划区内新建一座 110kV 永明变电站，主变压器 3 台。扩建 2 座变电站：长秦变电站和石堰变电站。将 YT 线在路口断开，永明变电站新建双回 110kV 电缆沿路向北敷设，T 接至 YT 线，新建一回进线 T 接至 YY 线。共新建截面 630mm^2 电缆线路长度约 5.25km。典型实例区远景高压网架地理接线图如图 3-3 所示。

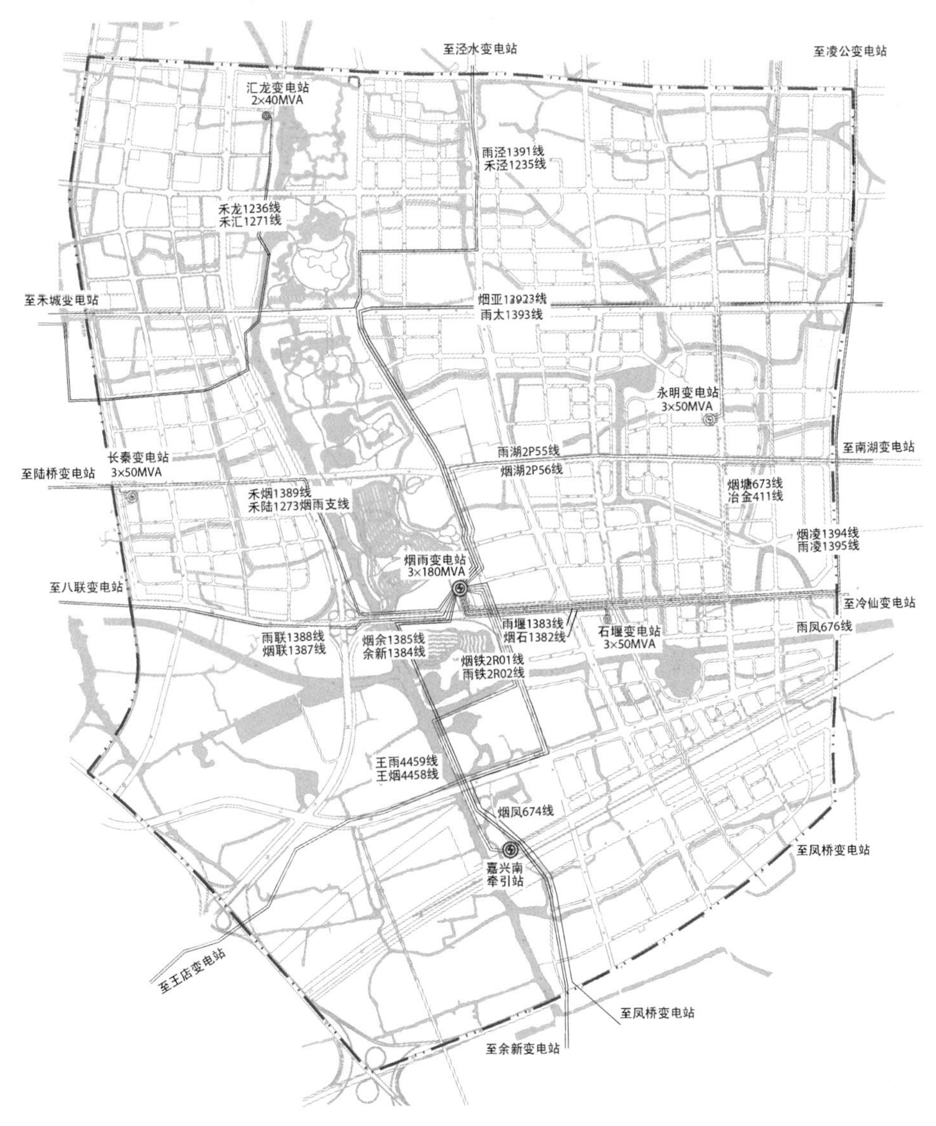

图 3-3　典型实例区远景高压网架地理接线图

石堰变电站新建一回电缆线路沿路向东敷设，T 接至某 110kV 线路，共新建 630mm^2 电缆线路长度约 2.01km。

长秦变电站新建一回电缆线路 T 接至某支线，共新建截面 630mm^2 电缆线路长度约 0.12km。

3. 变电站供电范围

（1）2020 年变电站供电范围划分。至 2020 年，3 座 110kV 变电站为典型实例区内提供 10kV 电源，根据近期负荷分布情况，对典型实例区域各变电站供电范围进行划分，合理分配变电站负荷，控制变电站供电半径。各变电站供电范围划分情况如图 3-4 所示。

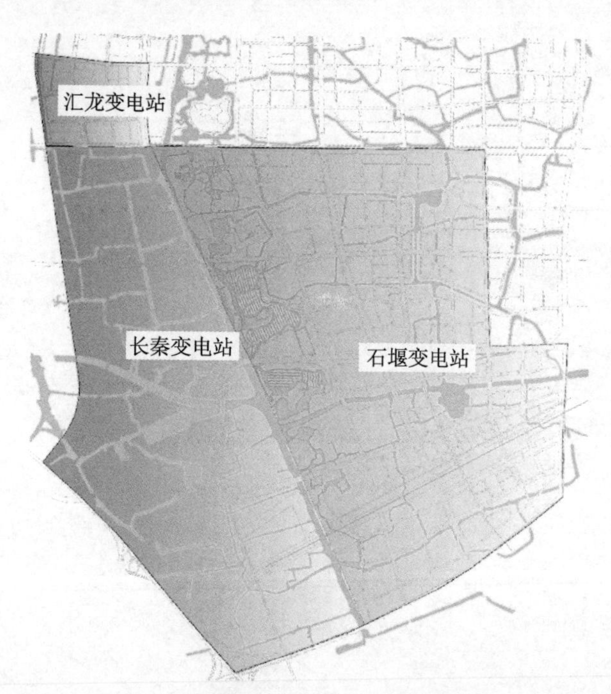

图 3-4　2020 年典型实例区变电站供电范围示意图

（2）远期变电站供电范围划分。至远期 4 座 110kV 变电站为典型实例区内提供 10kV 电源，根据远期负荷分布情况，对典型实例区各变电站供电范围进行划分，合理分配变电站负荷，控制变电站供电半径。各变电站供电范围划分情况如图 3-5 所示。

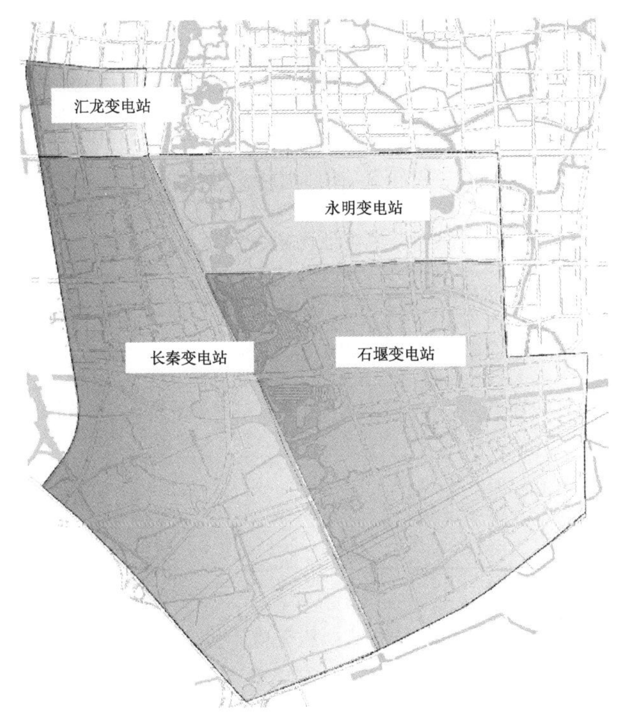

图 3-5　远期典型实例区变电站供电范围示意图

任务五　商业贸易型城镇中压配电网规划

【任务描述】

本任务主要讲解商业贸易型城镇配中压配电网规划特点及中压配电网规划工作具体内容。

【知识要点】

（1）商业贸易型城镇配电变压器及其容量选定；

（2）商业贸易型城镇中压网典型接线模式及网络结构。

【技术要领】

商业贸易型城镇中压配电网规划网架的配电变压器选择、网架结构选择、供电半径、导线截面选择等参考表3-16～表3-18的内容。

配电变压器选择：箱式变压器和配电室。

表3-16　　商业贸易型城镇中压配电网推荐电网结构

区域类型	推荐电网结构
商业贸易主导型城镇：商业金融核心区域（CBD）	电缆网：双环式 架空网：多分段适度联络
商业贸易主导型城镇：区域性商务办公区和会展中心、大型商业市场区	电缆网：单环式 架空网：多分段适度联络
各类城镇镇区	电缆网：单环式 架空网：多分段适度联络
非城市开发区域	架空网：单辐射

表3-17　　商业贸易型城镇中压配电网供电半径

区域类型	供电半径
商业贸易主导型城镇：商业金融核心区域（CBD）	不宜超过3km
商业贸易主导型城镇：区域性商务办公区和会展中心、大型商业市场区	不宜超过3km
各类城镇镇区	不宜超过5km
非城市开发区域	根据需要经计算确定

表3-18　　商业贸易型城镇中压配电网线路导线截面选择

110～35kV主变压器容量（MVA）	10kV出线间隔数	10kV主干线截面（mm^2）		10kV分支线截面（mm^2）	
		架空	电缆	架空	电缆
50、40	8～14	240、185	400、300	150	185
31.5	8～12	240、185	400、300	150	185
20	6～8	240、185	400、300	150	185

注　本表中导线选型信息供参考，具体选型须根据最新标准物料库并结合区域发展定位、负荷需求等信息综合考量。

【典型实例】

一、目标网架规划

（一）远期环网站布点规划

以石堰片区为例进行说明。在网络规划前，首先进行环网站布点规划，明确各分区环网站分布位置及供电区域，在此基础上进一步构建目标网架。实例区域全部采用电缆供电，供电模式为双环网，本次规划过程中，环网站布置主要根据商务区总体规划中用地性质分布情况、道路河流分布情况以及配电网形成规划接线方式便利性的因素综合确定，根据空间负荷预测结果，至远期典型实例区将新建环网站 49 座。远景年石堰片区新建环网站分布示意图如图 3-6 所示。

图 3-6　远景年石堰片区新建环网站布点图

石堰片区远景年新建环网站所在位置如表3-19所示。

表3-19　　石堰片区远景年新建环网站情况

名称	所在位置
1号环网站	××路与××路东南侧，二类居住地块内
2号环网站	××路与××路西南侧，二类居住地块内
3号环网站	××路与××大道东南侧，二类居住地块内
……	

（二）远期目标网架构建说明

典型实例区属于区域性商务办公区和会展中心。根据各供电分区供电可靠性要求、典型实例区开发时序以及组网可行性和便利性等因素，综合得出目标网架方案，网架结构为电缆双环网接线。

片区基本情况：石堰片区规划范围以居住、商务办公为主，总面积5.25km^2。石堰片区远景总负荷为50.91MW，负荷密度为9.69MW/km^2。

变电站供电范围：××路以北由110kV汇龙变电站主供；××路以南由110kV长秦变电站主供。

目标网架：根据目标网架规划结果可知，到2030年石堰片区区域内共有10kV线路22回（110kV永明变电站出线10回，110kV石堰变电站10回，区外变电站2回），电缆线路总长度46.239km，平均长度约2.11km，平均每回线路供电负荷约2.31MW，至远期片区内共有10kV环网站25座，环网化率100%，石堰片区远期目标网架地理走向如图3-7所示。

二、近期规划方案

2017～2020年方案：110kV石堰变电站新建2回电缆线路沿道路敷设，依次环入网站，最后接入长秦变电站。规划新建10kV电缆线路约18.801km，新建10kV环网站3座，具体如图3-8所示。

石堰片区2017～2020年环网站站点布置图如图3-9所示。

石堰片区远2017～2020年新建环网站所在位置如表3-20所示。

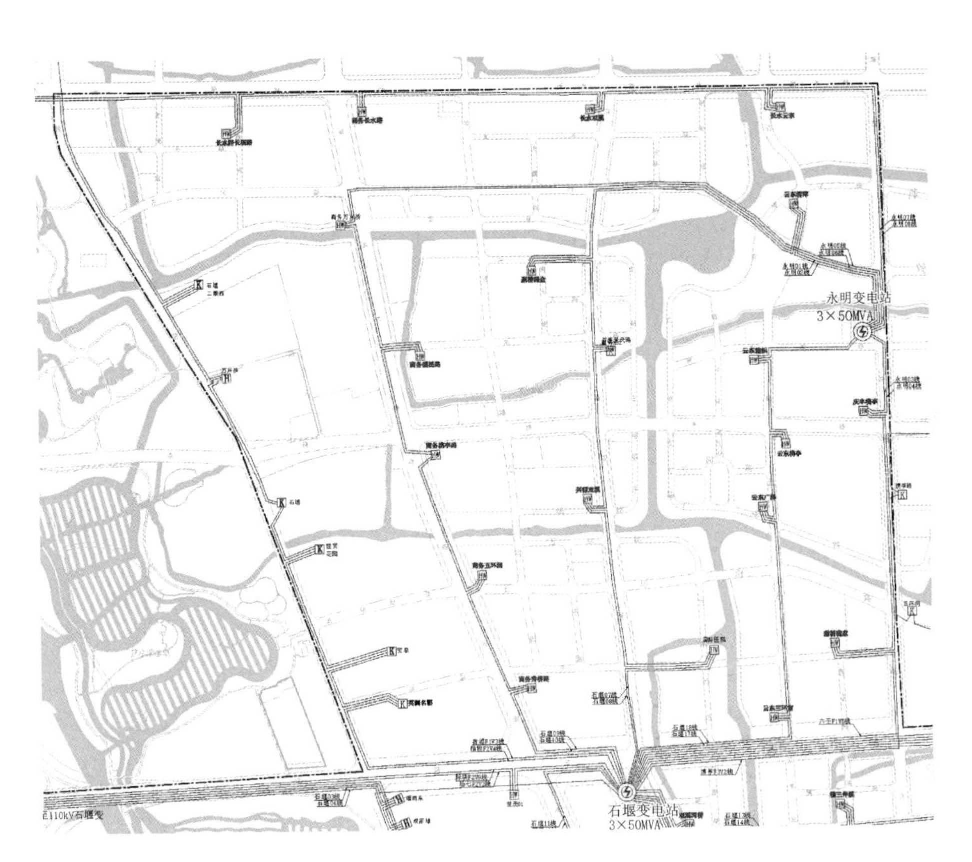

图 3-7　石堰片区远景目标网架规划方案

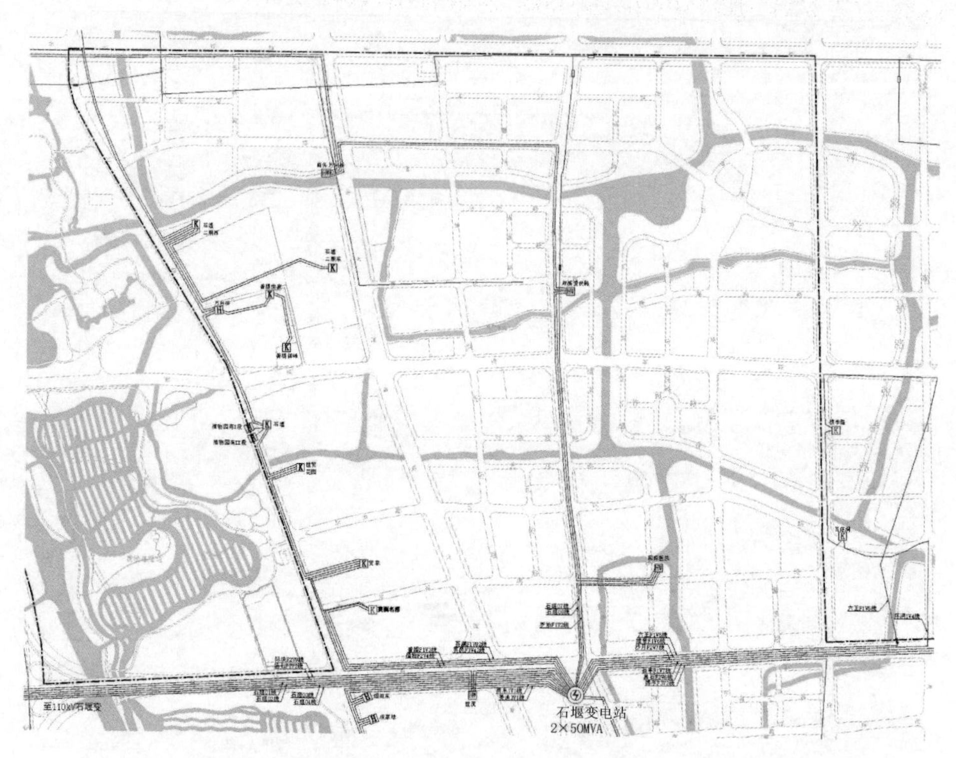

图 3-8 2017～2020 年石堰片区中压配电网过渡方案

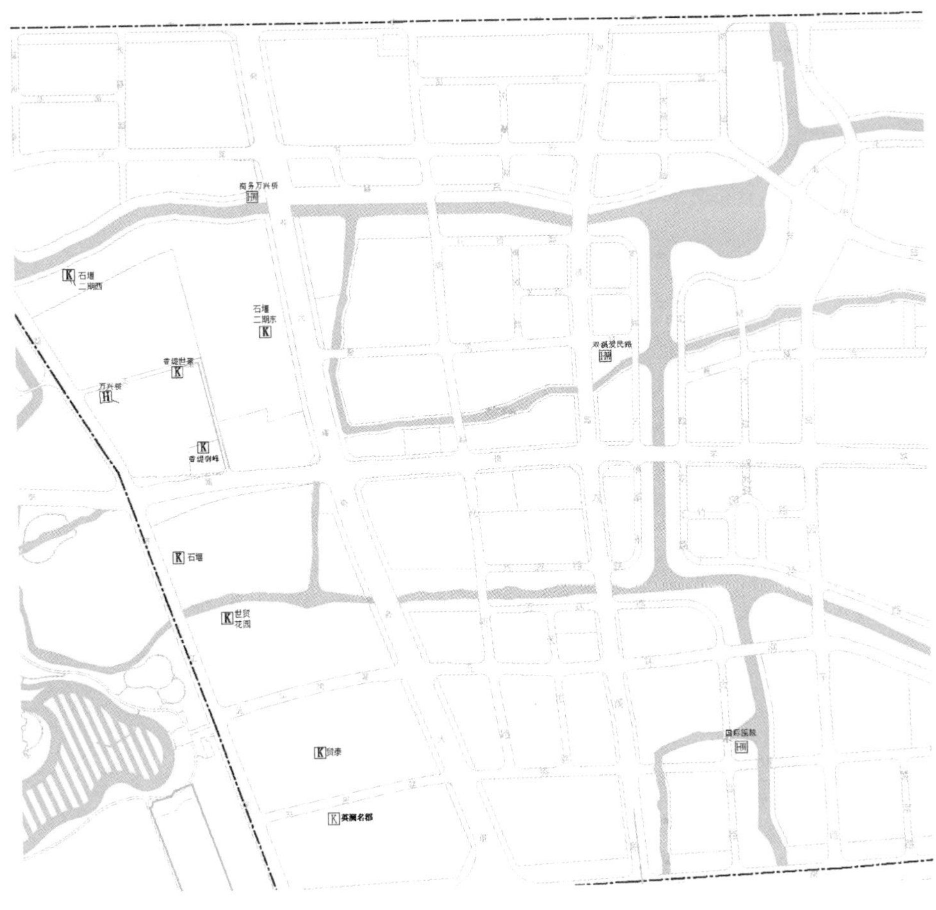

图 3-9 2017～2020 年石堰片区新建环网站布点图

表 3-20 石堰片区 2017～2020 年新建环网站情况

名称	所在位置	投运时间
1 号环网站	××路与××路东北侧绿地内	2018 年
2 号环网站	××港和北侧绿地内	2019 年
3 号环网站	××路与××路东南侧绿地内	2020 年

项目四

旅游开发型城镇配电网规划

【项目描述】

本项目介绍旅游开发型城镇配电网高中压配电网的特点，及其高中压配电网规划的内容。

任务一 旅游开发型城镇配电网现状评估

【任务描述】

本任务内容为对旅游开发型城镇现状配电网进行调研，分析配电网网架结构、运行指标、设备状况等方面的实际情况，找出配电网存在的问题。

【典型实例】

一、高压电网现状分析

1. 装备水平分析

典型实例区内无35kV及以上变电站，现状10kV电源主要来自实例区外东南方向的35kV西坑变电站。

实例区周边电源点情况如表4-1所示。由表可知，实例区周边现状35kV变电站存在以下三方面特点：

表4-1 实例区周边电源情况表

序号	变电站名称	电压变比	主变压器台数（台）	容量构成（MVA）	总容量（MVA）	10（20）出线间隔（个）	剩余间隔数（个）	投运时间
1	西坑变电站	35/10	2	2×6.3	12.6	10	0	1998年

（1）电压变比：35kV西坑变电站电压变比为35/10kV，中压出线为10kV。

（2）主变压器及构成：西坑变电站由 2 台主变压器构成，不存在单主变压器运行情况，供电可靠性较高，单台主变压器容量均为 6.3MVA，总容量为 12.6MVA。

（3）出线间隔：现状 35kV 西坑变电站共有 10 个 10kV 出线间隔，目前已全部用尽。

2. 运行水平分析

实例区周边电源点运行情况如表 4-2 所示。

表 4-2　　实例区周边电源情况表

变电站名称	主变压器	容量（MVA）	总容量（MVA）	变电站年最大负荷（MW）	变电站年最大负载率（%）	变电站典型日最大负荷（MW）	变电站典型日最大负载率（%）	主变压器 $N-1$
西坑变电站	1 号	6.3	12.6	5.42	43.02	3.57	28.33	通过
	2 号	6.3						通过

从表 4-2 对西坑变电站运行情况统计来看，现状 35kV 西坑变电站最大负载率为 43.02%，负载率适中，能满足实例区的负荷发展需求，西坑变电站 2 台主变压器均满足主变压器 N-1 校验。

二、中压电网现状分析

实例区共有 10kV 公用线路 2 回。中压公用线路全长 61.66km，电缆线路 2.33km，架空绝缘线路 11.66km，架空裸导线 47.66km。线路电缆化率 3.78%，绝缘化率 22.69%。实例区中压配电网统计如表 4-3 所示。

表 4-3　　实例区中压配电网统计表

区域名称		实例区
中压线路数量（回）	其中：公用	2
	专用	0
	合计	2

续表

区域名称		实例区
中压线路长度	绝缘线（km）	11.66
	裸导线（km）	47.66
	电缆线路（km）	2.33
	总长度（km）	61.66
线路采用主要导线型号	架空线	JKLYJ-70、JLGJ-120、LGJ-70、LGJ-35
	电缆导线	YJV22-3×300、YJV22-3×240
平均主干线长度（km）		13.54
电缆化率（%）		3.78
绝缘化率（%）		22.69
公用线路挂接配电变压器总数	台数（台）	46
	容量（MVA）	10.23
	其中：公用变压器（台）	25
	容量（MVA）	5.67
线路平均装接配电变压器数	台数（台/线路）	23
	容量（MVA/线路）	5.115
中压线路平均最大负载率（%）		32.95
配电变压器平均最大负载率（%）		30.57
环网率（%）		100

三、现状电网存在的问题

1. 电网结构

实例区现状共有10kV公用线路2回，均为联络线路，联络率100%。

实例区现状10kV公用线路均能满足$N-1$校验，$N-1$通过率100%。

2. 电网设备

实例区现状10kV公用线路总长度为61.66km，其中架空线路长度59.32km，电缆线路长度2.33km；架空线路绝缘化率19.65%，10kV电缆化率 3.78%。低压线路总长度为 18.14km，均为架空线路，其中主干线路长度 11.07km，分支线路长度 7.07km；架空线路绝缘化率 100%，接户线总长度为 2.61km。

现状 10kV 架空线路主干截面主要以 120、70、35mm^{2}为主；10kV 电缆线路主要以 300、240mm^{2}为主，导线截面偏小，不满足导则要求。低压主干线出线型号为 JKLYJ-120，分支线型号为 JKLYJ-70，接户线主要采用 BS-JKLYJ-4×50mm^2，均满足技术规范要求。

现状没有线路配电变压器装接容量超过 12MVA，2 回线路的配电变压器装接容量均在合理范围。

3. 供电能力

现状实例区线路平均负载率为 32.95%，配电变压器平均负载率为 30.59%，平均供电半径为 13.2km，其中一回线路供电半径为 15.20km，超过导则规定范围。

现状有 1 回线路负载率低于 30%。主要是由于现状区域为农村地区，用电负荷较小，导致线路轻载。

供区内主要公变的供电半径均小于主干线长度，部分线路供电半径超过 500m，低压台区的供电可靠性、电压合格率和线损率均满足要求。

任务二　旅游开发型城镇配电网负荷预测

【任务描述】

本任务主要内容是在正确的理论指导下，在调查研究掌握详实资料的基础上，对旅游开发型城镇电力负荷的发展趋势做出科学合理的推断。

【典型实例】

一、负荷预测方法和密度指标的选取

结合《典型实例区升级特色小镇规划设计方案》，本次规划采用负荷密

度指标法对其远景年负荷进行测算，采用预测模型法测算近期负荷。

1. 空间负荷预测方法选取的依据

本次规划城市规划部门提供的《典型实例区升级特色小镇规划设计方案》，从而得到了实例区远景年的用地性质、用地面积、容积率等指标。这些是城市配电网规划十分重要的信息，而负荷密度指标法是建立在这些信息基础上的负荷预测方法。因此，本次规划对实例区采用负荷密度指标法进行远景负荷预测，并结合城市总体规划功能分区的划分和地块开发时序，详细预测各地块负荷。

2. 负荷密度或指标的设定

根据对实例区所在县现状的负荷密度或指标的分析，参照2012版《城市用地分类与规划建设用地标准》，并结合地区实际情况，确定其远景负荷密度或指标的设定结果如表4-4所示。

表4-4　远景负荷密度指标选取

用地代码	用地性质	容积率	负荷密度/负荷指标		
			低方案	中方案	高方案
A1	行政办公用地	2.0	30	40	50
A2	文化设施用地	2.0	35	45	50
A3	教育科研用地	1.0	20	30	40
A5	医疗卫生用地	1.5	35	40	45
A7	文物古迹用地	1.0	20	30	40
A9	宗教用地	1.5	20	30	40
B/R	商业、居住混合用地	2.0	35	40	45
B1	商业用地	2.0	45	60	75
B1/B2	商业商务用地	2.0	45	60	75
B2	商务用地	1.5	45	60	75
B3	娱乐康体用地	1.0	45	60	75
B4	公用设施营业网点用地		20	30	40
G1	公园绿地		1	1	1

续表

用地代码	用地性质	容积率	负荷密度/负荷指标		
			低方案	中方案	高方案
M	一类工业用地	1.5	25	35	40
R21	二类居住用地	1.6	13	18	23
R22	公共服务设施用地	0.3	13	18	23
S1	道路用地		2	3	5
S42	社会停车场用地		2	5	8
U	公共设施用地		30	35	40

二、远景负荷预测

根据表 4-4 的负荷密度指标取值，结合各地块规划情况，预测得出各地块负荷，统计得出实例区负荷预测结果如表 4-5 所示。

表 4-5　　实例区远景负荷预测结果

用地代码			用地面积（公顷）	负荷密度或指标（MW/km²或 W/m²）			远景负荷（MW）		
				低方案	中方案	高方案	低方案	中方案	高方案
R		居住用地	36.99				5.65	7.21	8.76
其中	R1	一类居住用地	27.46	20	25	30	4.61	5.77	6.92
	R2	二类居住用地	9.53	13	18	23	1.04	1.44	1.84
B		商业服务业设施用地	76.83				20.74	27.66	34.57
其中	B1	商业用地	76.83	45	60	75	20.74	27.66	34.57
		交通设施用地	5.21				0.10	0.16	0.26
其中	S1	城市道路用地	5.21	2	3	5	0.10	0.16	0.26
		城市建设用地	119.03						
H		建设用地	124.62						
其中	H11	城市建设用地	119.03				26.50	35.02	43.60
	H14	村庄建设用地	5.59	8	10	12	0.45	0.56	0.67
E		非建设用地	75.38						

续表

用地代码			用地面积（公顷）	负荷密度或指标（MW/km^2或W/m^2）			远景负荷（MW）		
				低方案	中方案	高方案	低方案	中方案	高方案
其中	E1	水域	9.18						
	E2	农林用地	66.20						
总计		实例区总用地面积	200.00				26.95	35.58	44.27
		远景总负荷（MW，同时率 0.72）					19.40	25.62	31.87
		平均负荷密度（MW/km^2）					9.70	12.81	15.94

由表 4-5 可知，实例区远景负荷为 19.40～31.87MW，负荷密度为 9.70～15.94MW/km^2。

结合实例区配电网的规划布局及小镇的发展定位，实例区远景负荷采用中方案为最终预测方案。实例区远景预测 10kV 总负荷为 25.62MW，负荷密度为 12.81MW/km^2。实例区远景各供电单元负荷分布图如图 4-1 所示。

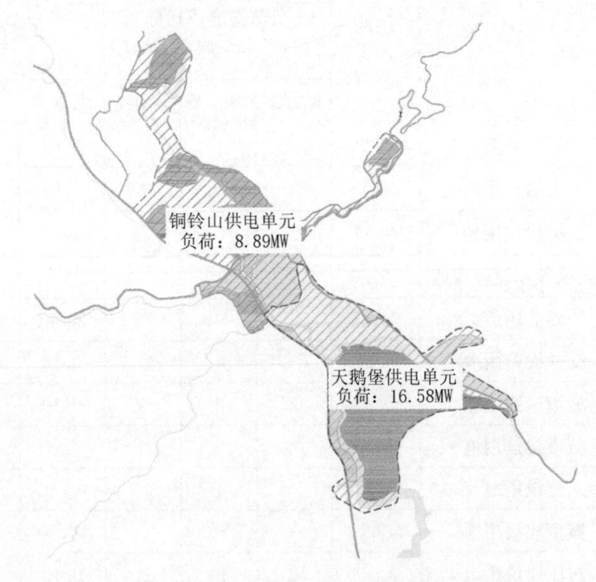

图 4-1　实例区各供电单元远景负荷分布图

三、近期负荷预测

本次规划采用预测模型法对实例区近期负荷进行预测。预测模型法是根据地区负荷的历史资料，建立可以进行数学分析的数学模型，对未来的负荷进行预测。

根据特色小镇历史年最大负荷发展情况，运用多种模型对自然增长的负荷进行预测，预测结果如表 4-6 所示。实例区负荷发展趋势见图 4-2。

表 4-6 实例区 2016～2020 年负荷预测

分类	计算模型	2016 年	2017 年	2018 年	2019 年	2020 年	年均增长率（%）
负荷	非线性回归——S 曲线	1.73	2.77	4.45	7.13	11.44	60.36
	线性回归——二型双曲线	1.73	2.69	4.20	6.53	10.17	55.72
	多项式	1.73	2.60	3.89	5.84	9.35	52.46
	等维信息	1.73	2.51	3.65	5.30	7.70	45.25
	包络模型——上限	1.73	2.44	3.43	4.83	6.80	40.79

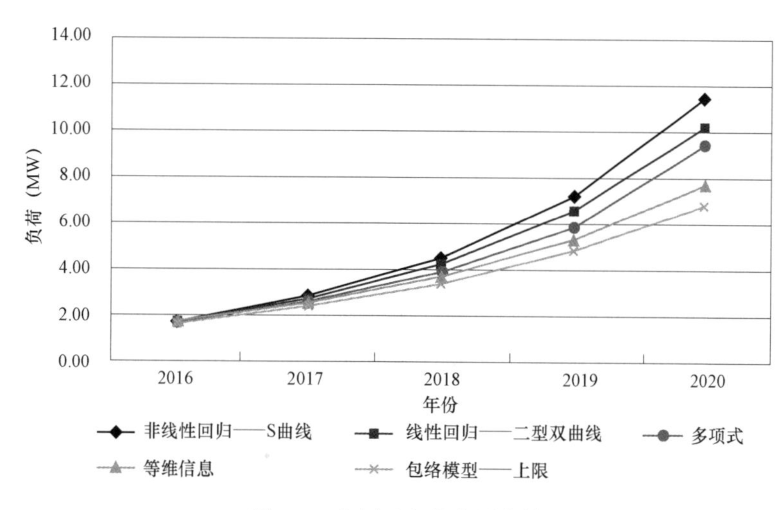

图 4-2 实例区负荷发展趋势

根据各预测模型对历史年数据的模拟精度及历史年增长趋势的分析，选取特色小镇最大负荷预测的高、中、低方案，结果如表 4-7 所示。

表 4-7 实例区 2016～2020 年 10kV 及以下负荷高、中、低方案

分类	模型	2016 年	2017 年	2018 年	2019 年	2020 年	“十三五”年均增长率（%）
负荷	高方案	1.73	2.77	4.45	7.13	11.44	60.36
	中方案	1.73	2.60	3.89	5.84	9.35	52.46
	低方案	1.73	2.44	3.43	4.83	6.80	40.79

本次规划采用中方案作为推荐方案，至 2020 年，实例区最大负荷为 9.35MW，负荷密度为 4.68MW/km^2。现状负荷较低，负荷增速较快，“十三五”年均增长率为 52.46%。实例区负荷预测曲线见图 4-3。

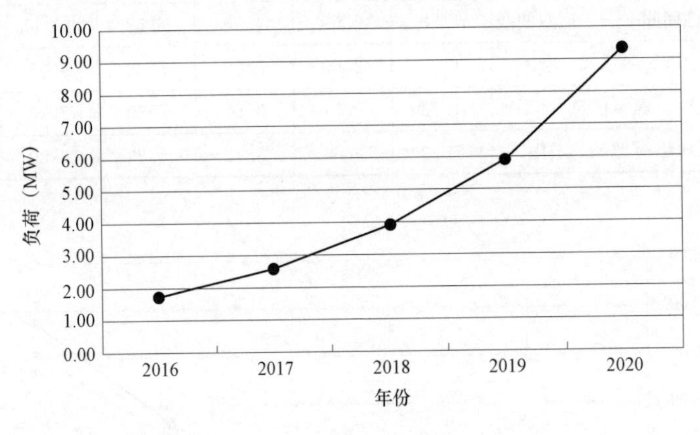

图 4-3 实例区负荷预测曲线

任务三 确定旅游开发型城镇配电网规划目标及重点

【任务描述】

本任务主要讲解旅游开发型城镇配电网规划目标及重点、商业贸易型城镇配电网特点，及其规划工作侧重点。

【知识要点】

（1）旅游开发型城镇的城市规划特征及配电网特点。

（2）旅游开发型城镇的分类：

1）大型城市旅游区；

2）小型城镇旅游区；

3）独立风景区。

（3）电动汽车基础设施布局规划。

【技术要领】

一、城市规划特征及其差异化的规划要求

旅游开发型城镇的开发模式有以下3类：

（1）大型城市旅游区：拥有100万以上人口的城市，包括超大型、大型及中型城市，本身就是客源地也是目的地，通过旅游吸引力建设可以提升城市品牌与城市产业空间，特别是休闲发展。文化休闲街区、休闲商业综合体、RBD、都市休闲聚落、主题公园、创意产业园区等多种形式的休闲业态发展，体现城镇化率及城市品质。

配电网规划要求可按DL/T 5729—2016中A类供电区域标准建设。

（2）小型城镇旅游区：对于小型地级市、县级的中心镇、建制镇，带动性相对大中城市较弱，但具备鲜明的主题性特征旅游资源。镇区内拥有4A、5A景区，形成特色城镇，实现创新型升级。由于镇区中旅游区人口流动大、环境要求高，因而区域配电网规划水平应高于镇区水平。

配电网规划要求可按DL/T 5729—2016中B类供电区域标准建设。

（3）独立风景区：此类风景区相对独立于城镇镇区，一般为自然风景区，其特点为面积大，负荷密度低，相应用电设施分散，并且线路敷设难度较大。配电网规划要求可按DL/T 5729—2016中D类供电区域标准建设。

二、规划目标及重点

旅游开发型新型城镇的配电网规划重点在于针对不同的配电网建设条件，满足城市旅游区和独立风景区的用电需求，并且保证城市旅游区与其他城市建设区域具备相同的配电网规划水平，规划目标如表4-8所示。

表4-8 旅游开发型新型城镇配电网规划目标指标

类型	供电可靠性	综合电压合格率
大型城市旅游区	用户年平均停电时间不高于52min（≥99.990%）	≥99.98%
小型城镇旅游区	用户年平均停电时间不高于3h（≥99.965%）	≥99.95%
独立风景区	用户年平均停电时间不高于15h（≥99.897%）	≥99.30%

任务四 旅游开发型城镇高压配电网架规划

【任务描述】

本任务主要讲解旅游开发型新型城镇高压电网规划特点和高压配电网规划工作具体内容。

【知识要点】

（1）旅游开发型新型城镇变电站选址定容：基于负荷预测结果确定区域变电站座数与主变容量，并根据负荷分布情况，选取变电站所在站址。

（2）旅游开发型新型城镇高压网典型接线模式及网络结构。

【技术要领】

主变压器选择、高压接线模式、导线截面选择分别见表4-9～表4-11。

表4-9　　旅游开发型新型城镇主变压器的选择

电压等级	区　域　类　型	台数（台）	单台容量（MVA）
110kV	旅游开发主导型城镇：大型城市旅游区	3	50
	旅游开发主导型城镇：小型城镇旅游区	3	50
	各类城镇镇区	3	50
	旅游开发主导型城镇：独立风景区	3	40
	非城市开发区域	2	20
35kV	旅游开发主导型城镇：独立风景区	3	10
	非城市开发区域	2	3.15

注　本表中主变压器选型信息供参考，具体选型须根据最新规划原则并结合区域发展定位等信息综合考量。

表4-10　　旅游开发型新型城镇适用的高压接线模式

电压等级	区域类型	链式			环网		辐射	
		三链	双链	单链	双环网	单环网	双辐射	单辐射
110kV	旅游开发主导型城镇：大型城市旅游区	√	√		√		√	
	旅游开发主导型城镇：小型城镇旅游区		√	√	√		√	
	各类城镇镇区		√	√	√	√	√	
	旅游开发主导型城镇：独立风景区				√	√	√	
	非城市开发区域							√
35kV	旅游开发主导型城镇：独立风景区				√	√	√	
	非城市开发区域							√

表 4-11　　旅游开发型新型城镇导线截面的选择

电压等级	区域类型	导线截面
110kV	旅游开发主导型城镇：大型城市旅游区	240mm^2
	旅游开发主导型城镇：小型城镇旅游区	240mm^2
	各类城镇镇区	240mm^2
	旅游开发主导型城镇：独立风景区	150mm^2
	非城市开发区域	150mm^2
35kV	旅游开发主导型城镇：独立风景区	120mm^2
	非城市开发区域	120mm^2

注　本表中导线选型信息供参考，具体选型须根据最新标准物料库并结合区域发展定位、负荷需求等信息综合考量。

供电安全标准：大型城市旅游区故障变电站所带的负荷应在 15min 内恢复供电；其他类型区域故障变电站所带的负荷，其大部分负荷（不小于 2/3）应在 15min 内恢复供电，其余负荷应在 3h 内恢复供电。

【典型实例】

本次中压配电网上级电源规划主要结合实例区远景负荷预测结果，并参照《某县“十三五”配电网规划报告》的规划结果。实例区上级变电站建设时序如表 4-12 所示。

表 4-12　　实例区变电站建设时序表　　MVA

变电站名称	电压等级（kV）	性质（新建/改造）	2016 年	2017 年	2018 年	2019 年	2020 年	远景
西坑变电站	35	已有	2×6.3	2×6.3	2×6.3	2×6.3	2×6.3	2×16
铜铃山变电站	35	新建						2×16

规划远景年新建 1 座 35kV 铜铃山变电站，其 10kV 配套出线与实例区范围内 10kV 线路形成联络，缩短线路供电半径，加强站间联络，满足新增负荷需求，提高供电可靠性。实例区远景年高压站点图如图 4-4 所示。

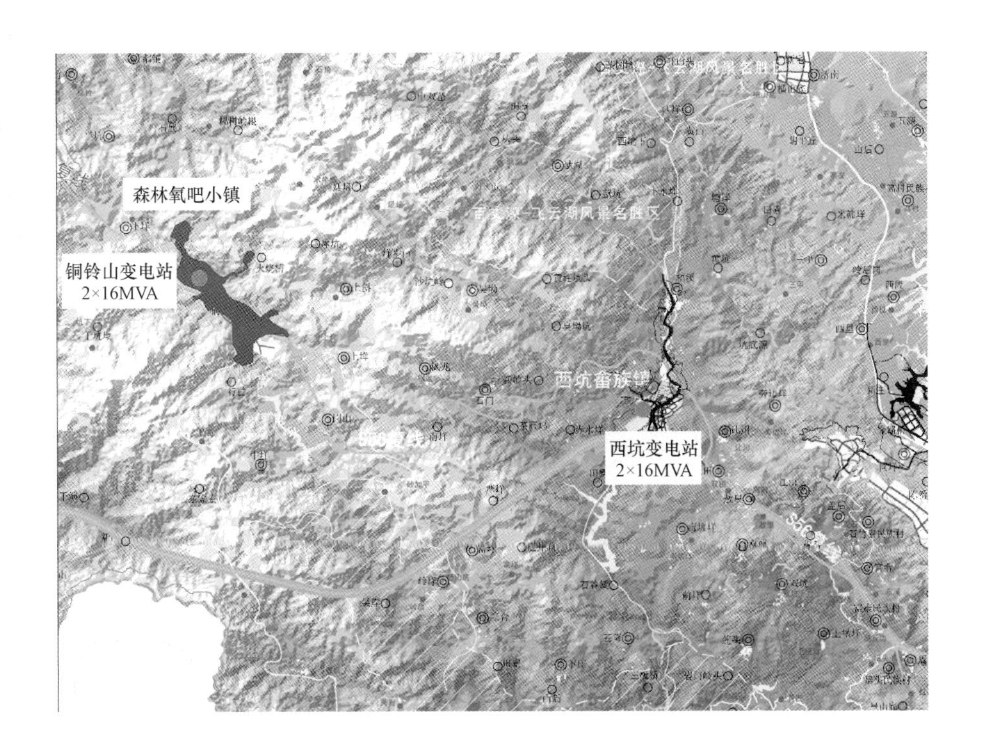

图 4-4　实例区及其周边远景年高压变电站站点示意图

任务五　旅游开发型城镇中压配电网规划

【任务描述】

本任务主要讲解旅游开发型城镇配中压配电网规划特点及中压配电网规划工作具体内容。

【知识要点】

（1）旅游开发型城镇配电变压器及其容量选定；

（2）旅游开发型城镇中压网典型接线模式及网络结构。

【技术要领】

旅游开发型城镇中压配电网规划网架的配电变压器选择、网架结构选择、供电半径长度、导线截面选择等要领参考以下内容。

配电变压器选择：大型城市旅游区和小型城镇旅游区配电变压器主要选择箱式变压器和配电室，独立风景区主要选择柱上变压器和箱式变压器。电网结构、供电半径、线路截面选择分别见表 4-13～表 4-15。

表 4-13 旅游开发型城镇中压配电网推荐电网结构

区 域 类 型	推荐电网结构
旅游开发主导型城镇：大型城市旅游区	电缆网：双环式 架空网：多分段适度联络
旅游开发主导型城镇：小型城镇旅游区	电缆网：单环式 架空网：多分段适度联络
各类城镇镇区	电缆网：单环式 架空网：多分段适度联络
旅游开发主导型城镇：独立风景区	架空网：多分段适度联络、单辐射
非城市开发区域	架空网：单辐射

表 4-14 旅游开发型城镇中压配电网供电半径

区 域 类 型	供电半径
旅游开发主导型城镇：大型城市旅游区	不宜超过 3km
旅游开发主导型城镇：小型城镇旅游区	不宜超过 3km
各类城镇镇区	不宜超过 5km
旅游开发主导型城镇：独立风景区	不宜超过 15km
非城市开发区域	根据需要经计算确定

表 4-15 旅游开发型城镇中压配电网线路截面选择

110～35kV 主变压器容量（MVA）	10kV 出线间隔数	10kV 主干线截面（mm^2）		10kV 分支线截面（mm^2）	
		架空	电缆	架空	电缆
50、40	8～14	240、185	400、300	150	185
31.5	8～12	240、185	400、300	150	185

续表

110～35kV 主变压器容量（MVA）	10kV 出线间隔数	10kV 主干线截面（mm^2）		10kV 分支线截面（mm^2）	
		架空	电缆	架空	电缆
20	6～8	240、185	400、300	150	185
12.5、10、6.3	4～8	240、185	—	150	—

【典型实例】

一、目标网架规划

实例区供电单元远景年 10kV 目标网架示意图见图 4-5。

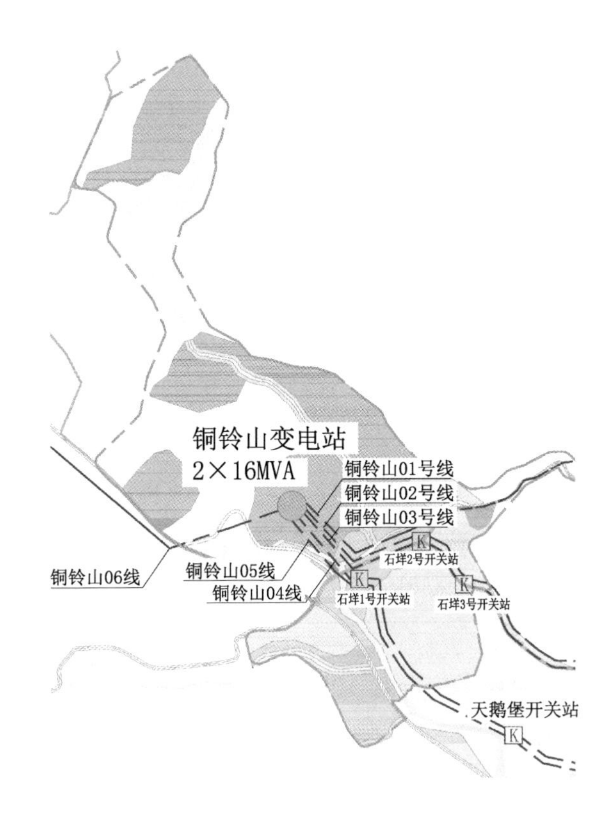

图 4-5　实例区供电单元远景年 10kV 目标网架示意图

目标网架介绍：实例区供电单元远景年用地面积 0.71km²，主要以商业设施用地和居住用地为主，远景年总负荷约为 8.89MW，共分布 10kV 中压线路 4 回，上级电源来自规划 35kV 铜铃山变电站，与西坑变电站出线形成 2 组电缆双环网，如图 4-6 所示。

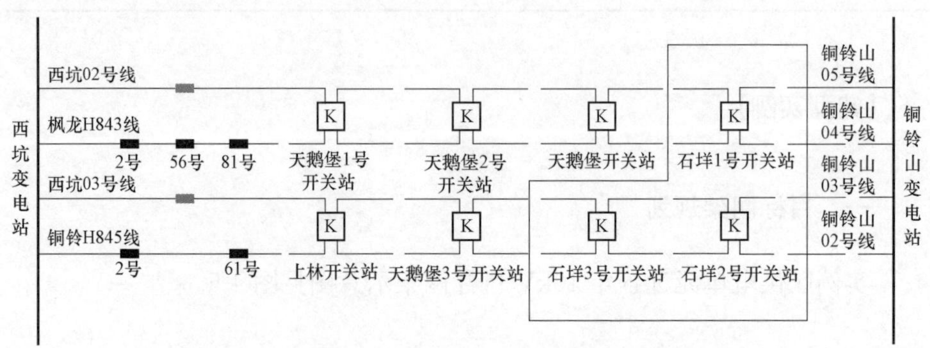

图 4-6 实例区供电单元远景年 10kV 目标网架拓扑图

二、近期规划方案

1. 实例区 10kV TL H845 线等小城镇环境综合整治项目

建设必要性：本次计划对政府重点整治区域内的 10kV 某线路段进行入地改造，同时考虑实例区规划的 5A 级景区负荷增长。

工程说明：规划对某路段 10kV 线路 89 号至 102 号、97 号至 97-12 号杆架空线路架空入地。

工程规模：新建（二进四出＋PT）户外环网箱 2 座；新建 10kV 电缆分支箱 4 座；新设电缆采用 ZC-YJV22-8.7/15-3×300 共 2.199km、ZC-YJV22-8.7/15-3×70 共 0.536km。

建设时间：2017 年。

实例区 2017 年项目实施前后 10kV 线路地理接线及拓扑对比图分别如图 4-7 和图 4-8 所示。

2. XK03 线新建工程

建设必要性：实例区规划的 5A 级景区及旅游产业特色小镇所带来的负荷提升和线路负荷调整，提高供电能力，改善电能质量。

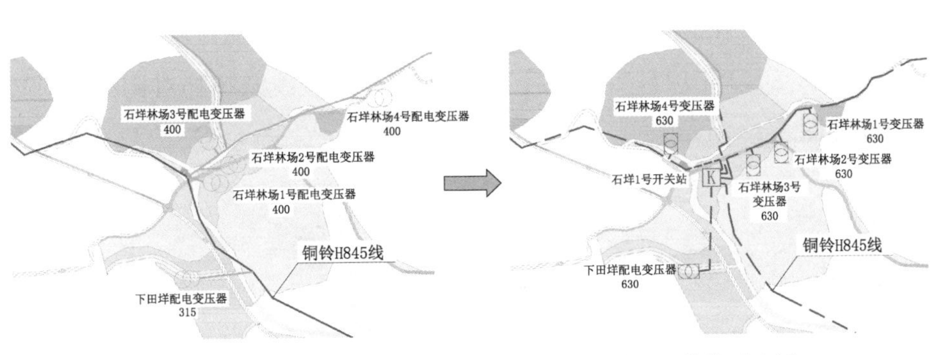

图 4-7　实例区 2017 年项目实施前后 10kV 线路地理接线对比图

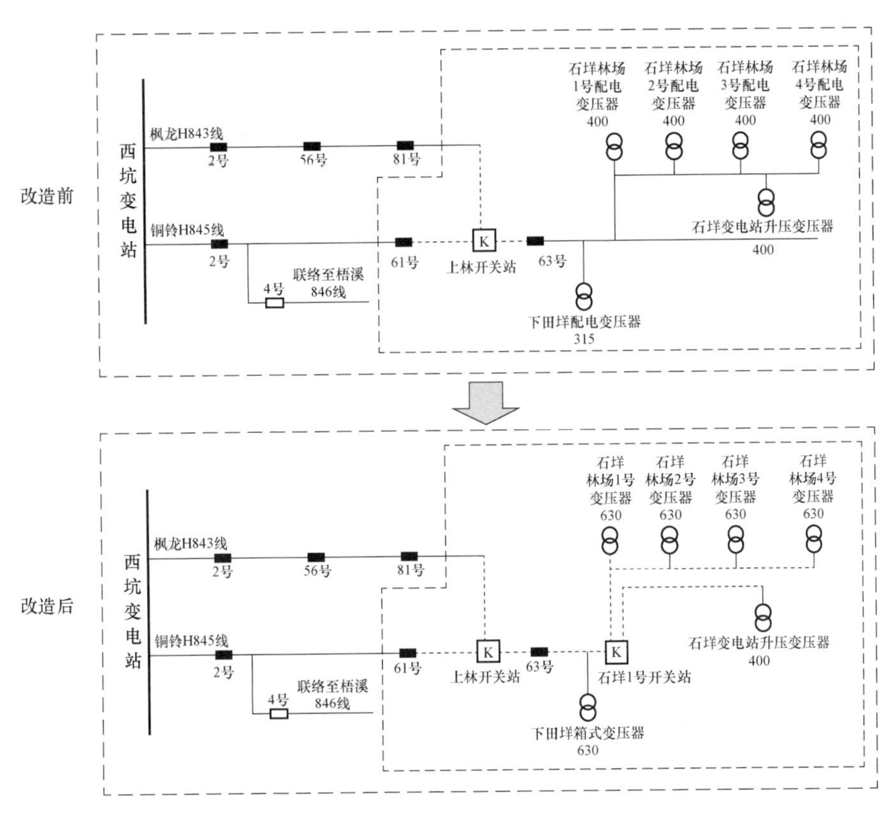

图 4-8　实例区 2017 年项目实施前后线路拓扑对比图

工程说明：规划由 35kV 西坑变电站新出 1 回线路通过开关站与现状线路形成联络。

工程规模：新建开关站 2 座，新建电缆线路 1.972km。

建设时间：2020 年。

实例区 2020 年项目实施前后 10kV 线路地理接线及拓扑对比图分别如图 4-9 和图 4-10 所示。

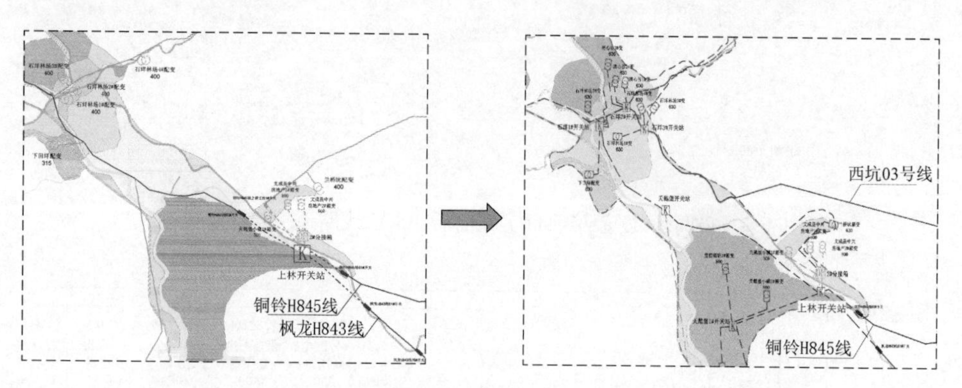

图 4-9　实例区 2020 年项目实施前后 10kV 线路地理接线对比图

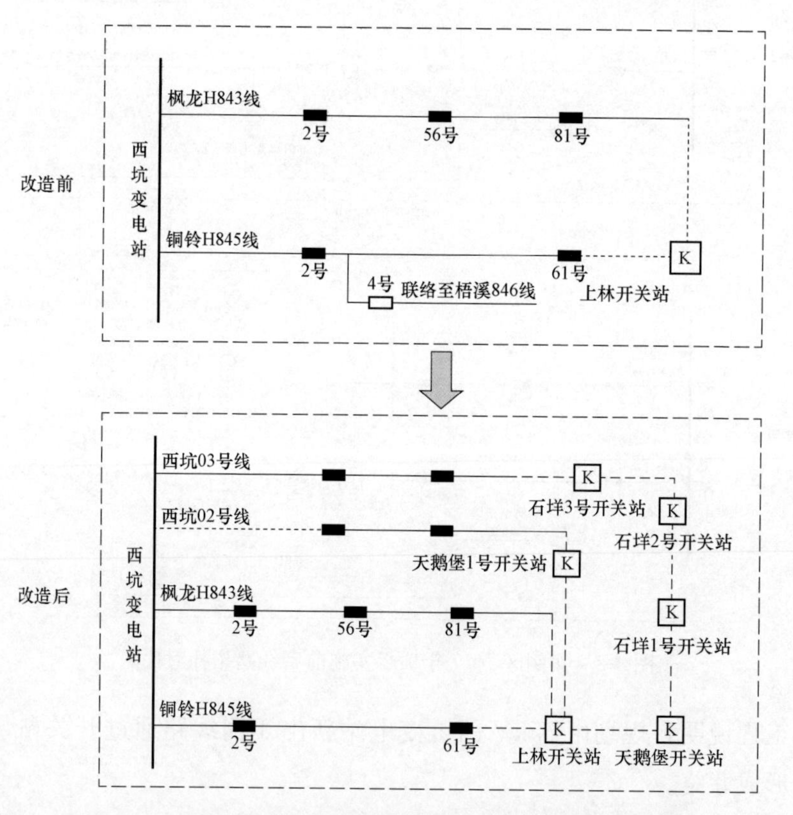

图 4-10　实例区 2020 年项目实施前后 10kV 线路拓扑对比图

三、电动汽车接入分析

1. 电动汽车充换电设施简介

电动汽车充换电设施为电动汽车提供能量补给，主要由四部分系统组成：配电系统、充电系统、监控系统和电池管理系统。每个充换电设施需要满足两种充电方式：一种为整车充电（即电池不离开车，直接对车辆充电）；一种为电池充电。在可能的情况下，在充电系统中，充换电设施的建设需要根据电动汽车的充电需求，结合电动汽车运行模式进行相应的规划和设计。

2. 电动汽车充换电设施预期目标

根据实例区电动汽车发展状况，规划建设相应规模的电动汽车充换电设施，满足电动汽车充电需求，实现节能减排低碳环保的目标。

3. 电动汽车充电桩规划

（1）规划思路。

1）对于充电设施数目、类型和规模的控制，应综合考虑实例区电动汽车类型、保有量和充电方式等因素，以满足县域内电动汽车发展需求。

2）合理布局，使电动汽车充电站与县域内其它设施合理配套，并符合县域总体规划，同时满足环境保护和资源优化的需求。

3）便民、利民、分区服务，为减少充电车辆的等待时间过长，造成交通阻塞，方便群众。

4）具备前瞻性，科学预测充电需求趋势，结合县域规划发展，制定出具备前瞻性的充电站布点规划。

（2）规划目标。

1）充电站选址必须符合实例区总体规划，符合国土资源、环境保护、公安消防、安全生产的规定。

2）充电站的选址定点应结合地区建设规划和路网规划，以网点总体布局规划为宏观控制依据，经过对布局网点及其周围地区规划选址方案的比较，确定网点设置用地。

3）充电站的设置应充分考虑本区域的输配电网现状，电动汽车充电站运营时需要高功率的电力供应支撑，在进行充电站布局规划时，应与电力供应部门协调，将充电站建设规划纳入城市电网规划中。城市电网规划是城市电网发展和改造的总体计划，将充电站布局规划与城市电网规划相结合，可以提高充电站电能供应的安全性和稳定性，为充电站运营提供可靠的电力供应保障。

4）充电站的布局应符合充电站服务半径要求，结合电动汽车自身的运行特点以及电池配置等因素，根据区域交通密度的差异性合理确定充电站服务半径。

5）充电站的具体选址应符合实例区充电站布点规划要求，且尽量选在交通便利的地方。

（3）布点原则。

1）充电站分类。充电站可以分为专用充电站、城市公用充电站、城际交通充电站。

a. 专用充电站。专用充电站服务于公交、环保、物流、警用等车辆的充电需求，规划建设12个站。

b. 城市公用充电站。城市公用充电站服务于社会电动汽车的充电需求，规划建设32个站。

c. 城际交通充电站。城际交通充电站服务于来往高速公路电动汽车的充电需求，规划建设4个站。

d. 独立充电桩：充电桩对具有车载充电机的电动乘用车辆提供交流充电电源，具有占地面积较小，布点灵活的特点，大多结合道路、停车场布置，以提高县域内有限资源的集约高效利用。

2）充电站的建设要求。

a. 充电站的建设应该满足环境保护和消防安全的要求；充电设备应符合相关国家（行业）标准和国家电网公司企业标准。

b. 在充电站建设、运营中应采取措施抑制谐波电流对县域内电网的影响，确保电网的电能质量和电力系统的安全、经济运行。

c. 充电设施外观设计风格应体现绿色、醒目、亲和、现代等要素，应突出倡导绿色能源发展。

4. 电动汽车充电桩对电网的影响

由于区域未来主要建设分散充电桩和专属充电桩，未建设大型公交充换电站，充电塔等大型充电设施；而社会公用充换电站应采用充换电设施与充电桩相结合，充换电设施用于日间行驶车辆的应急需求，充电桩则提供夜间充电及泊车充电服务。国家电网公司对电动汽车充电的商业运行模式将确定为“换电为主、插充为辅、集中充电、统一配送”，充电桩将作为辅助的充电方式，同时考虑到利用充电桩进行充电多在晚间等低谷负荷时刻，因此充电桩产生的负荷对负荷预测的影响甚微。

但是随着电动汽车，特别是公交车及其他大型营运车辆采用电动汽车，对负荷的影响将快速显现。电动汽车作为一种特殊的负荷，它的充电行为具有随机性和间歇性，快速发展并大规模接入电网充电时，会对电网产生不可忽略的影响，尤其在无序充电的情况下，大量电动汽车的充电会增加电网的供电压力，造成负荷“峰上加峰”问题的出现，加剧电压的降落，从而影响电网的安全可靠性。因此，有必要对电动汽车大规模应用对电网的影响进行分析，从而采取适当的引导策略，以适应未来电动汽车的大规模发展。其对负荷预测的影响主要为以下三个方面。

（1）大量电动汽车充电可能会使电力负荷快速增长。通过大量研究表明，电动汽车的大规模发展及使用可能会使电力负荷快速增长，对电网负荷峰谷差日益增大的电网，产生了巨大的输配电压力。

（2）大量电动汽车充电影响电网峰谷平衡。电力负荷高峰大多集中在白天，晚上则是用电低谷，而电动汽车大都白天行驶、夜间充电，这种运行方式有利于降低电网的峰谷差，改善电网负荷特性。如果电网公司在推广电动汽车的发展上采取分时电价政策，鼓励电动汽车利用夜间电网的用电低谷充电，这样对电网的平衡，以及对富余电力的消费都将起到很大的作用。

（3）对电网规划的影响。电动汽车普及以后，在每天的负荷高峰时段，电动汽车车载电池存储的能量将作为分布式电源按电网需求向配电网供电，由于电动汽车的数量巨大，且具有移动性和分散性的特点，因此电动汽车充放电设施将对电网规划中的配电容量设置、配电线路选型等产生巨大影响。配电网规划变得较为困难，主要表现为：电动汽车随机性地接入电网充电会影响系统的负荷预测，使原有的配电系统的规划面临更大的不确定性，难以确定后期的系统规划。

未来，大量的电动汽车将会借助完善的电动汽车充放电设施与配电网紧密连接，通过智能充放电操作在配电网侧显著的平抑电网负荷、频率波动，极大地降低电网调峰、调频的需求，降低电网峰谷差，提高电网负荷率，降低电网备用发电容量需求，显著改变电网运行方式。因此，需要在电网规划中考虑相关影响。

5. 电动汽车充电桩近期需求

实例区充电汽车充电桩近期需求如表 4-16 所示。

表 4-16　　实例区充电汽车充电桩近期需求

序号	建设地点	充电桩数量（个）	单台功率（kW）	合计容量（kW）	供电方案
1	某景区	8	7	56	SC 2 号公用变压器
2	某镇人民政府	8	7	56	DS 1 号公用变压器
3	某乡人民政府	6	7	42	TG 公用变压器
合计		22		154	

实例区近期共有 5 处需建设充电桩，充电桩数量为 22 个，单台功率为 7kW，合计容量为 154kW。

6. 电动汽车充电桩近期配电网校核

为满足近期充电桩接入需求，对近期配电网进行校核，配电变压器负载率大于 70%，建议台区进行增容或新布点。校核结果如表 4-17 所示。

表 4-17　　　　实例区充电汽车充电桩近期配电网校核

序号	建设地点	合计容量（kW）	供电方案	配电变压器容量（kVA）	接入前配电变压器负载率（%）	接入后配电变压器负载率（%）	备注
1	某景区	56	SC 2 号公用变压器	400	69.21	83.95	需新布点 1 台配电变压器
2	某镇人民政府	56	DS 1 号公用变压器	200	41.34	70.81	配电变压器增容至 400kVA
3	某乡人民政府	42	TG 公用变压器	400	8.7	19.75	满足接入需求

项目五

特色农业型城镇配电网规划

【项目描述】

本项目介绍特色农业型城镇配电网高中压配电网的特点，及其高中压配电网规划的内容。

任务一　特色农业型城镇配电网现状评估

【任务描述】

本任务内容为对特色农业型城镇现状配电网进行调研，分析配电网网架结构、运行指标、设备状况等方面的实际情况，找出配电网存在的问题。

【典型实例】

一、高压电网现状分析

实例区现状主要有 2 座 35kV 变电站为该区域提供电源，主变压器 4 台，变电容量 32.6MVA。

实例区高压配电变电站设备统计情况如表 5-1 所示。

表 5-1　实例区高压配电变电站设备统计情况

序号	变电站名称	电压等级	主变压器编号	主变压器容量（MVA）	总容量（MVA）	投运时间
1	新兴变电站	35	1 号	6.3	12.6	2007
			2 号	6.3		2012
2	赤寿变电站	35	1 号	10	20	2012
			2 号	10		2016

二、中压电网现状分析

实例区现状共有 10kV 线路 6 回，均为公用线路。10kV 公用线路总长度为 57.72km，其中绝缘线路长度为 20.09km，电缆线路长度为 1.95km；架空绝缘化率和电缆化率分别为 36.01%和 3.37%；10kV 公用线路平均主干线长度为 2.68km。共有 10kV 配变 135 台，总容量为 42.26MVA；其中 10kV 公变 100 台，容量为 32.66MVA。中压线路平均最大负载率为 19.97%，配电变压器平均最大负载率为 13.13%，环网率为 100%。

实例区中压配电网综合统计表如表 5-2 所示。

表 5-2　　实例区中压配电网综合统计表

区域名称		实例区
中压线路数量（回）	其中：公用	6
	专用	0
	合计	6
中压线路长度	绝缘线（km）	20.09
	裸导线（km）	35.69
	电缆线路（km）	1.95
	总长度（km）	57.72
线路采用主要导线型号	架空线	JKLYJ-240、JKLYJ-185、LGJ-240、LGJ-185、LGJ-120
	电缆导线	YJV-3×300、YJV-3×240、YJV-3×185
平均主干线长度（km）		2.68
电缆化率（%）		3.37
架空绝缘化率（%）		36.01
公用线路挂接配电变压器总数	台数（台）	135
	容量（MVA）	42.26
	其中：公变（台）	100.00
	容量（MVA）	32.66

续表

区域名称		实例区
线路平均装接配电变压器数	台数（台/线路）	22.50
	容量（MVA/线路）	7.04
中压线路平均最大负载率（%）		19.97
配电变压器平均最大负载率（%）		13.13
环网率（%）		100.00

三、现状电网存在的问题

1. 电网结构

（1）变电站存在供电范围交叉的现象，使线路供电半径偏大；

（2）联络存在不符合典型接线模式主要有架空、电缆混合联络接线，同杆线路联络，联络点位于变电站出口处等；

（3）5回线路分段数量和分段容量不合理。

2. 装备水平

现状2回10kV线路联络线路型号为LGJ-50mm^2，主干截面均为185mm^2，在需要负荷转移时，联络线无法全部转移负荷。

3. 供电能力

（1）实例区现状共有4回线路负载率低于30%，属于轻载。

（2）现状共有2回线路供电半径大于5km。

总体来看，实例区现状中压电网基本能满足现状负荷需求。现状电网结构较好，但是个别线路联络复杂，存在一部分无效联络及“假联络”，在有其他联络的情况下，可考虑将这些联络拆除，若无其他联络，可考虑将其优化，联络至周边其他线路。部分线路延伸较长，存在跨区域供电的情况，应进一步优化线路供电范围，在条件允许的情况下，明确线路供电范围，使线路供电范围更加合理。现状10kV电网主要以架空线路为主，但部分线路导线截面偏小，且存在大量的裸导线，实例区属C类供区，随着城市化水平的提高，现状装备水平需要升级改造，提高线路绝缘化水平。

实例区受春茶负荷影响较大。

实例区现状 10kV 线路问题汇总如表 5-3 所示。

表 5-3　　实例区现状 10kV 线路问题汇总表

问题等级	线路名称	所属变电站	线路负载超>80%	配电变压器重载>80%	单辐射线路	不满足 N-1 校验	干线截面偏小	挂接配电变压器容量过大>10000 kVA	接线模式不合理	分段不合理	运行年限大于 20 年	供电半径>5km
Ⅱ	BGY 263 线	赤寿变电站						√				√
Ⅲ	ZY261 线	赤寿变电站							√			
Ⅲ	HL 260 线	赤寿变电站								√		
Ⅲ	ZJ 262 线	赤寿变电站								√		
Ⅲ	SA 217 线	新兴变电站							√			
Ⅱ	XX 213 线	新兴变电站						√	√	√		√

任务二　特色农业型城镇配电网负荷预测

【任务描述】

本任务主要内容是在正确的理论指导下，在调查研究掌握详实资料的基础上，对旅游开发型城镇电力负荷的发展趋势做出科学合理的推断。

【典型实例】

一、空间负荷预测方法的选取

1．负荷特性分析

实例区主要为与农产品加工相关的工业用地，少量的居住用地、商业用地，调研同类地区各种产业典型企业负荷特性，分析未来实例区的负荷增长趋势。茶叶加工类企业典型负荷曲线如图 5-1 所示。

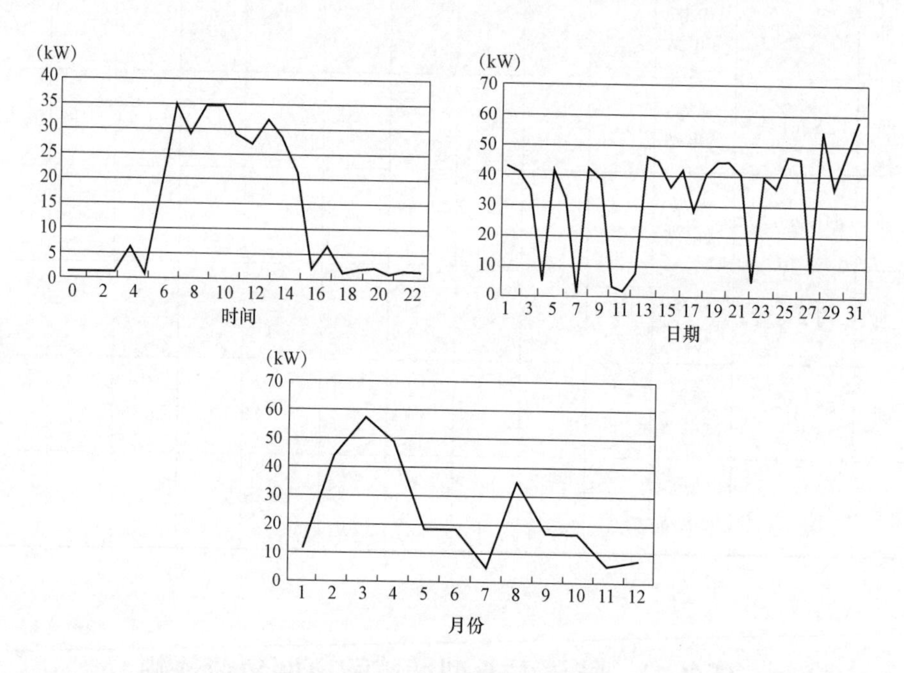

图 5-1 茶叶加工类企业典型日负荷曲线、月负荷曲线和年负荷曲线（单位：kW）

从典型日负荷曲线来看，茶叶加工高峰负荷一般出现在 6:00～16:00 左右，16:00 之后负荷明显下降，负荷峰谷差明显；从典型年负荷曲线来看，茶叶加工高峰负荷一般出现在 2～5 月，下半年负荷低于上半年负荷。受季节影响较大。

茶叶加工类小作坊典型负荷曲线如图 5-2 所示。

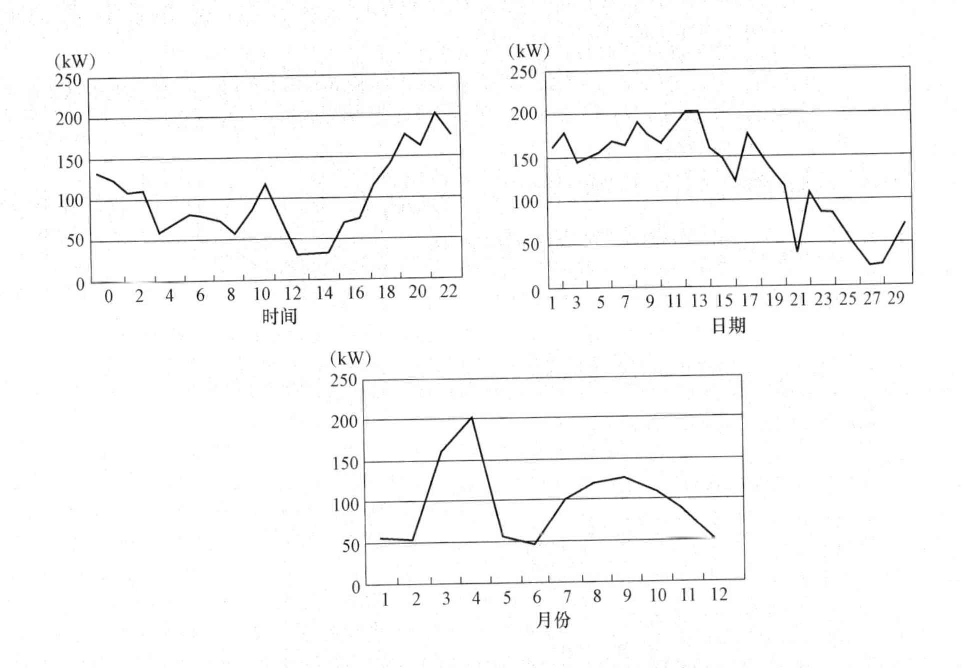

图 5-2 茶叶加工小作坊典型日负荷曲线、月负荷曲线和年负荷曲线

从典型日负荷曲线来看，茶叶加工高峰负荷一般出现在 15:00 以后，22 点负荷达到最高峰，负荷峰谷差明显；从典型年负荷曲线来看，茶叶加工高峰负荷一般出现在 2～5 月，下半年负荷低于上半年负荷。受季节影响较大。

2. 负荷预测方法的确定

本次规划采用负荷密度指标法对地区进行远景负荷预测，并结合控制性详细规划中功能分区的划分和地块开发时序，详细预测各地块负荷。

(1) 远景负荷预测方法。

现状保留地块：现状保留地块按现状地块配置容量，通过调研省内外同类型区域，并结合实例区的实际情况；公建居住类取远景负载率 55%～65%，工业类取远景负载率 80%～90%，开展地块负荷预测。

近期、远景开发地块：采用负荷密度指标法对其进行远景负荷预测。

（2）阶段年负荷预测方法。

现状保留地块：按现状地块已有配电变压器容量，通过调研省内外同类型区域，并结合实例区的实际情况；考虑负载率为35%～40%，估算地块近期负荷。

近期、远景开发地块：近期、远景开发地块中，需要考虑负荷发展的过程，调研部分典型小区（建成5年以后），现状配电变压器的最大负载率仅可达到20%～30%，现状配电变压器平均负载率仅20%以后。为确保近期负荷的合理性、准确性，本次规划根据用地性质的不同，对居住类近期负荷按远景地块负荷的40%计算，其他类近期负荷按远景地块负荷的60%计算。

（3）中间年负荷预测方法。

如图5-3所示，根据调研、统计、分析，城市负荷的增长规律可大致分为三种类型。城市处于发展初、中级阶段的中小型城市，在预测期内，负荷以近似指数规律增长，其年增长率比较大，简称为E型电量。发展成熟的大型城市，其负荷已经历过指数规律发展的阶段，在预测期内进入了一种具有饱和特性的发展阶段，简称G型电量。对一些初期用电量低，而发展又十分快的城市，在预测期内，负荷按一种S形曲线趋势增长，简称S型电量。

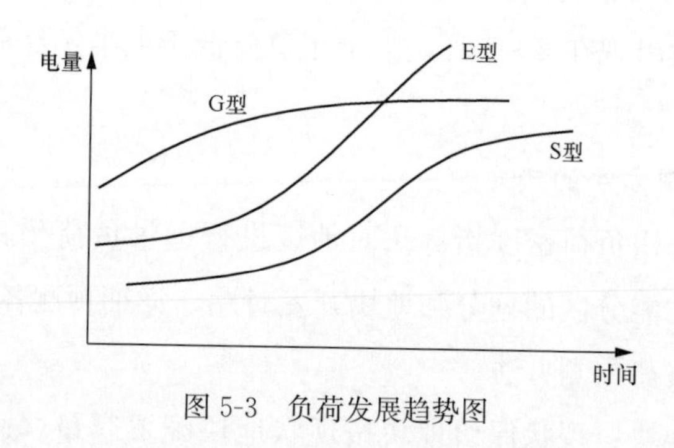

图5-3　负荷发展趋势图

本实例区大部分区域尚未开发建设，负荷以商业行政办公、居住、文化娱乐等负荷为主，还有少量的工业负荷，该实例区的负荷增长符合E型曲线增长规律。

3. 城市规划资料整理结果

本次相关部门提供了实例区总体规划资料，从而得到了各地块的用地性质、用地面积、容积率等指标，这些指标是城市配电网规划十分重要的信息，而负荷密度指标法是建立在这些信息基础上的负荷预测方法。因此，本次规划首先采用负荷密度指标法对地区进行远景负荷预测，并结合控制性详细规划中功能分区的划分，详细预测各地块负荷。

4. 负荷密度或指标的设定

根据对实例区现状的负荷密度或指标的分析，参照 2012 版《城市用地分类与规划建设用地标准》，并结合地区实际情况，选取远景负荷密度指标结果如表 5-4 所示。

表 5-4　　远景负荷密度指标选取

用地性质	用地代号	负荷指标（MW/km^2）			负荷密度（W/m^2）		
		低方案	中方案	高方案	低方案	中方案	高方案
居住用地							
二类居住用地	R2	14	15	17			
二类居住用地	R21	14	15	17			
商住混合用地	BR	28	32	36			
公共管理与公共服务用地							
文化设施用地	A2	36	40	44			
中小学用地	A3	18	20	22			
中等专业学校用地	A32	18	20	22			
中小学用地	A33	18	20	22			
体育用地	A4	18	20	22			
医疗卫生用地	A5	36	40	44			
商业服务业设施用地							
商业设施用地	B1	45	50	55			
批发市场用地	B12	45	50	55			
商业商务混合用地	B1B2	45	50	55			

续表

用地性质	用地代号	负荷指标（MW/km²）			负荷密度（W/m²）		
		低方案	中方案	高方案	低方案	中方案	高方案
商务设施用地	B2	45	50	55			
工业用地							
一类、二类工业用地	M1M2				20	28	35
二类、三类工业用地	M2M3				20	28	35
物流仓储用地							
一类物流用地	W1				5	5	5
道路与交通设施用地							
城市道路用地	S1				2	2	2
交通枢纽用地	S3				36	40	44
社会停车场用地	S42				2	2	2
公用设施用地							
供电用地	U12				27	30	33
绿地与广场用地							
公共绿地*	G1				1	1	1
防护绿地*	G2				0	0	0
广场用地*	G3				2	2	2
备用地					0	0	0
村庄建设用地					0	0	0

* 表示负荷密度。

二、远景负荷预测

根据控规地块现状配电变压器容量和控规预测负荷的校核情况，可见，各地块配电变压器容量配置基本按终期负荷配置，在不考虑个别地块供电能力局部不平衡的情况下配电变压器供电能力可满足终期负荷需要。如表5-5所示，实例区远景10kV总负荷36.25～46.41MW，负荷密度10.87～13.91MW/km²。结合实例区的城市功能定位，本次规划选取中方

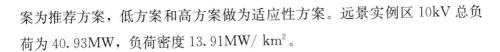

案为推荐方案，低方案和高方案做为适应性方案。远景实例区 10kV 总负荷为 40.93MW，负荷密度 13.91MW/ km^2。

表 5-5 实例区远景负荷预测结果汇总表

用地类别	用地代号	用地面积（公顷）	容积率	建筑面积（万 m^2）	远景负荷（MW）		
					低方案	中方案	高方案
居住用地		121.67		146.07	20.78	22.31	25.28
二类居住用地	R2	38.33	1.20	45.99	6.44	6.90	7.82
住宅用地	R21	80.78	1.20	96.93	13.57	14.54	16.48
幼儿园	R22	1.01	0.80	0.81	0.11	0.12	0.14
商住用地	Rb	1.56	1.50	2.34	0.66	0.75	0.84
公共管理与公共服务用地		6.55		6.68	2.17	2.41	2.65
文化设施用地	A2	4.31	1.00	4.31	1.55	1.73	1.90
教育科研用地	A3	1.08	0.80	0.87	0.16	0.17	0.19
中小学用地	A33	0.00	0.80	0.00	0.00	0.00	0.00
体育用地	A4	0.46	1.00	0.46	0.08	0.09	0.10
医疗卫生用地	A5	0.69	1.50	1.04	0.38	0.42	0.46
商业服务业设施用地		26.25		40.40	18.18	20.20	22.22
商业用地	B1	16.47	1.50	24.70	11.12	12.35	13.59
批发市场用地	B12	2.71	1.50	4.06	1.83	2.03	2.23
商业/商务用地	B1B2	3.40	1.80	6.12	2.76	3.06	3.37
娱乐康体用地	B3	3.68	1.50	5.52	2.48	2.76	3.03
工业用地		32.89			6.58	9.21	11.51
二类工业用地/一类工业用地	M2/M1	24.07			4.81	6.74	8.43
三类工业用地/二类工业用地	M3/M2	8.82			1.76	2.47	3.09
物流仓储用地		1.70			0.08	0.08	0.08
仓储用地	W	1.70			0.08	0.08	0.08
道路与交通设施用地		58.13			1.37	1.40	1.42
城市道路用地	S1	56.61			1.13	1.13	1.13
交通枢纽用地	S3	0.62			0.22	0.25	0.27
公共交通场站用地	S41	0.42			0.01	0.01	0.01
社会停车场用地	S42	0.48			0.01	0.01	0.01

续表

用地类别	用地代号	用地面积（公顷）	容积率	建筑面积（万 m^2）	远景负荷（MW）		
					低方案	中方案	高方案
公用设施用地		1.77			0.48	0.53	0.58
环卫用地	U22	1.77			0.48	0.53	0.58
绿地与广场用地		60.74			0.71	0.71	0.71
公园绿地	G1	23.90			0.24	0.24	0.24
防护绿地	G2	13.25			0.00	0.00	0.00
广场用地	G3	23.59			0.47	0.47	0.47
村庄建设用地	H14	16.13			0.00	0.00	0.00
水域	E1	7.81			0.00	0.00	0.00
实例区总用地		333.65			50.35	56.85	64.46
远景总负荷（MW，同时率 0.72）					36.25	40.93	46.41
平均负荷密度（MW/km^2）					10.87	12.27	13.91

三、近期负荷预测

实例区部分区域已开发建设完成，负荷以商业行政办公、居住、公建等负荷为主，还有一定数量的工业负荷，但仍有大部分区域尚未开发，该实例区的负荷增长符合 E 型曲线增长规律。

实例区近期大客户用电报装一览表见表 5-6。由表中可以看出近期茶叶加工区为新增负荷集中区块。2017 年新增用户报装容量为 7580kVA，2018 年新增用户报装容量为 5480kVA。

表 5-6 实例区近期大客户用电报装一览表

序号	用 户 名 称	预计报装容量（kVA）	计划用电时间	所在分区
1	实例区某制茶标准厂房	7480	2017 年 4 月	C
2	实例区某茶叶加工标准厂房	约 5480	2018 年	C

根据其历史最大负荷数据，并结合实例区近期地块开发情况，估算实例区中间年的总负荷的发展情况，预测结果见表5-7。由表中可知，2017年实例区负荷预测结果为7.27MW，2020年预测负荷为13.98MW，“十三五”年均增长率为23.35%。

表5-7　　实例区中间年负荷预测汇总

年份	2016	2017	2018	2019	2020	“十三五”年均增长率（%）	远景年
负荷（MW）	6.04	7.27	9.50	11.74	13.98	23.35	40.93

任务三　确定特色农业型城镇配电网规划目标及重点

【任务描述】

本任务主要讲解特色农业型城镇配电网规划目标及重点，通过知识点讲解，了解特色农业型城镇配电网特点，及其规划工作侧重点。

【知识要点】

（1）特色农业型城镇的城市规划特征及配电网特点。

（2）特色农业型城镇的分类：

1）农业加工区；

2）特色农业区；

3）非城市建设区域（普通农业）。

【技术要领】

一、城市规划特征及配电网特点

特色农业型新型城镇规划由镇区、特色农业区及其他非城市建设区域（普通农村）组成，城镇规划中城市建设用地比例极低，镇区规模较小，同时特色农业区中将含有小型加工区、商务区和集中的农村宅基地。特色农业型城镇配电网的网架规划具有以下特点。

（1）除镇区外，农业建设区域对供电可靠性的要求相对较低。

（2）相对城市建设区域，农业城镇在电力设施用地和通道条件上较为充裕，配电网建设难度较低。

（3）由于城市建设规模较小，总体负荷密度较低，在电力设施布局上适合“小容量、多布点”的方式，从而控制配电网供电半径，保证供电的电能质量。

二、特色农业型城镇的分类及其差异化的规划要求

按农业开发的建设模式，特色农业型城镇可有以下3类：

（1）农业加工区。目前特色农业型城镇普遍设置有农业加工区，从产业上看属工业用地，加工区内以绿色产业为主要功能导向，布置以农产品生产、农业生物技术、农产品精深加工、绿色环保产业为主的无污染、环保型、高科技的一类工业和其他无污染的相关产业，并于设置有仓储物和相关服务设施，充分体现循环经济的理念。从配电网规划上看，可与一般工业园区的配置保持一致。

配电网规划要求可按DL/T 5729—2016中C类供电区域标准建设。

（2）特色农业区。此类区域由传统的农作物种植和蔬菜栽培基地发展成为拥有菜园、果园、花卉园、牧场、稀有名贵动物饲养、观光农场、中药材培植等项目的综合性农场，并以当地农业特色品种为背景，开发农业展示园，是一个高度专业化、规模化、产业化、智能化的生态产业园。区域内分散有部分服务设置，但总体上用电水平略高于普通农业区，对供电可靠性要求和负荷密度低。

配电网规划要求可按DL/T 5729—2016中D类供电区域标准建设。

（3）非城市建设区域（普通农业）。配电网规划要求可按DL/T 5729—2016中E类供电区域标准建设。

三、规划目标及重点

由于特色农业型城镇一般呈现负荷密度低和负荷分散的特点，配电网规划重点在于如何保障远距离用电负荷的供电、合理控制供电半径、提升供电的电能质量水平。规划目标如表 5-8 所示。

表 5-8　　特色农业型城镇配电网规划目标指标

类型	供电可靠性	综合电压合格率
农业加工区	用户年平均停电时间不高于 9h（≥99.897%）	≥99.70%
特色农业区	用户年平均停电时间不高于 15h（≥99.897%）	≥99.30%
非城市建设区域（普通农业）	不低于向社会承诺的指标	不低于向社会承诺的指标

任务四　特色农业型城镇高压配电网架规划

【任务描述】

本任务主要讲解特色农业型新型城镇高压电网规划特点和高压配电网规划工作具体内容。

【知识要点】

（1）特色农业型城镇变电站选址定容：基于负荷预测结果确定区域变电站座数与主变容量，并根据负荷分布情况，选取变电站所在站址。

（2）特色农业型城镇高压网典型接线模式及网络结构。

【技术要领】

主变压器选择、高压接线模式、导线截面选择分别见表 5-9～表 5-11。

表 5-9　　特色农业型新型城镇主变压器的选择

电压等级	区域类型	台数（台）	单台容量（MVA）
110kV	农业主导型城镇：农业加工区 各类城镇镇区	3	50
	农业主导型城镇：特色农业区	3	40
	非城市开发区域	2	20
35kV	农业主导型城镇：农业加工区 各类城镇镇区	3	20
	农业主导型城镇：特色农业区	3	10、6.3
	非城市开发区域	2	10、6.3

注　本表中主变压器选型信息供参考，具体选型须根据最新规划原则并结合区域发展定位等信息综合考量。

表 5-10　　特色农业型新型城镇适用的高压接线模式

电压等级	区域类型	链式			环网		辐射	
		三链	双链	单链	双环网	单环网	双辐射	单辐射
110kV	农业主导型城镇：农业加工区 各类城镇镇区		√	√	√	√	√	
	农业主导型城镇：特色农业区				√	√	√	
	非城市开发区域							√
35kV	农业主导型城镇：农业加工区 各类城镇镇区		√	√		√	√	
	农业主导型城镇：特色农业区				√	√	√	
	非城市开发区域							√

表 5-11　　特色农业型新型城镇导线截面的选择

电压等级	区域类型	导线截面
110kV	农业主导型城镇：农业加工区 各类城镇镇区 农业主导型城镇：特色农业区 非城市开发区域	$150mm^2$

续表

电压等级	区 域 类 型	导线截面
35kV	农业主导型城镇：农业加工区 各类城镇镇区 农业主导型城镇：特色农业区 非城市开发区域	120mm^2

注 本表中导线选型信息供参考，具体选型须根据最新标准物料库并结合区域发展定位、负荷需求等信息综合考量。

供电安全标准：故障变电站所带的负荷，其大部分负荷（不小于 2/3）应在 15min 内恢复供电，其余负荷应在 3h 内恢复供电。

【典型实例】

本次中压配电网上级电源规划参照《实例区“十三五”配电网规划（2016 版）》及《实例区电力设施布局专业规划》的规划结果，需在实例区内新建 2 座 110kV 变电站，即新处变电站、新园变电站。实例区远景变电站布点及供电范围如图 5-4 所示。

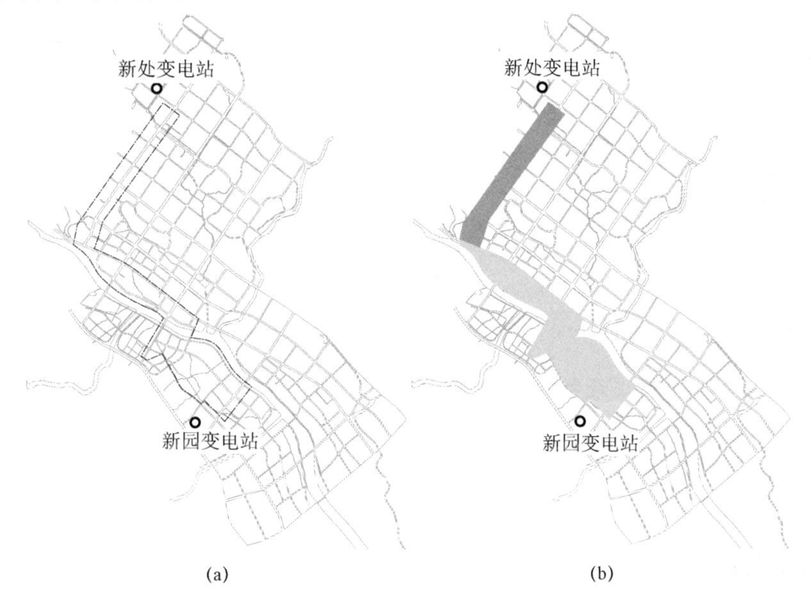

图 5-4 茶香小镇远景变电站分布及供电范围图

（a）变电站布点；（b）供电范围

实例区高压变电站具体建设时序如表5-12所示。

表5-12　　实例区变电站建设时序表

变电站名称	电压等级（kV）	性质	2016年	2017年	2018年	2019年	2020年	远景
新兴变电站	35	现状	2×6.3	2×6.3	2×12.5	2×12.5	2×12.5	退运
赤寿变电站	35	现状	2×10	2×10	2×10	2×10	2×10	退运
新处变电站	110	新建						3×50
新园变电站	110	新建						3×50

任务五　特色农业型城镇中压配电网规划

【任务描述】

本任务主要讲解特色农业型城镇配中压配电网规划特点及中压配电网规划工作具体内容。

【知识要点】

（1）旅游开发型城镇配电变压器及其容量选定；

（2）旅游开发型城镇中压网典型接线模式及网络结构；

（3）“低电压”隐患的治理。

【技术要领】

一、标准接线模式与设备选型

特色农业型城镇中压配电网规划网架的配电变压器选择、网架结构选择、供电半径长度、导线截面选择等要领参考以下内容。

配电变压器选择：农业加工区和配电变压器主要选择柱上变压器或箱式变压器，特色农业区主要选择柱上变压器。电网结构、供电半径、线路截面选择分别见表5-13～表5-15。

表 5-13　　特色农业型城镇中压配电网推荐电网结构

区　域　类　型	推荐电网结构
农业主导型城镇：农业加工区 各类城镇镇区	电缆网：单环式 架空网：多分段适度联络
农业主导型城镇：特色农业区	架空网：多分段适度联络、单辐射
非城市开发区域	架空网：单辐射

表 5-14　　特色农业型城镇中压配电网供电半径

区　域　类　型	供电半径
农业主导型城镇：农业加工区 各类城镇镇区	不宜超过 5km
农业主导型城镇：特色农业区	不宜超过 15km
非城市开发区域	根据需要经计算确定

表 5-15　　特色农业型城镇中压配电网线路截面选择

110～35kV 主变压器容量（MVA）	10kV 出线间隔数	10kV 主干线截面（mm^2）		10kV 分支线截面（mm^2）	
		架空	电缆	架空	电缆
50、40	8～14	240、185	400、300	150	185
31.5	8～12	240、185	400、300	150	185
20	6～8	240、185	400、300	150	185
12.5、10、6.3	4～8	240、185	—	150	—

注　本表中导线选型信息供参考，具体选型须根据最新标准物料库并结合区域发展定位、负荷需求等信息综合考量。

二、低电压隐患统计

10kV 低电压隐患线路统计（供电半径过长）如下：

根据压降公式 $\Delta U = IR = I\frac{\rho L}{S}$，在电阻率 ρ 及导线截面 S 不变的情况下，电压降与线路长度 L 成正比，线路长度过长，将导致末端电压偏低，因此对于供电半径（10kV 及以下线路的供电半径指从变电站低压侧出线到其供电的最远负荷点之间的线路长度）过长的 10kV 线路存在低电压隐患。

以农村地区10kV主干线常用的LGJ-120mm²型号架空线为例，不同供电半径，不同负载率对应的理论电压降分布如表5-16所示。

表5-16　LGJ-120mm²架空线理论电压降

供电半径（km）	负载率（%）、压降（V）							
	30%	40%	50%	60%	70%	80%	90%	100%
8	210	280	350	420	490	560	630	700
9	236	315	394	473	551	630	709	788
10	263	350	438	525	613	700	788	875
11	289	385	481	578	674	770	867	963
12	315	420	525	630	735	840	945	1050
13	341	455	569	683	797	910	1024	1138
14	368	490	613	735	858	980	1103	1225
15	394	525	656	788	919	1050	1182	1313
16	420	560	700	840	980	1120	1260	1401
17	446	595	744	893	1042	1190	1339	1488
18	473	630	788	945	1103	1260	1418	1576
19	499	665	832	998	1164	1331	1497	1663
20	525	700	875	1050	1225	1401	1576	1751
21	551	735	919	1103	1287	1471	1654	1838
22	578	770	963	1155	1348	1541	1733	1926
23	604	805	1007	1208	1409	1611	1812	2013
24	630	840	1050	1260	1471	1681	1891	2101
25	656	875	1094	1313	1532	1751	1969	2188
26	683	910	1138	1366	1593	1821	2048	2276
27	709	945	1182	1418	1654	1891	2127	2363

注　阴影部分表示满足压降要求区间。

由表5-16可知，30%负载率时，供电半径为26km时，仍能满足电压质量要求；压降683V；40%负载率时，满足电压降要求的供电半径为20km；50%负载率时，满足电压降最低要求的供电半径为16km，实际建设中考虑到供电可靠性等因素，建议供电半径不超过15km。

【典型实例】

一、目标网架规划

建设开发情况如下：

区域边界：如图 5-5 所示。

区域面积：194 公顷。

用地性质：工业、居住。

目前开发建设情况：现状以农村居住用地为主。

今后建设发展情况：主要为工业、居住用地。

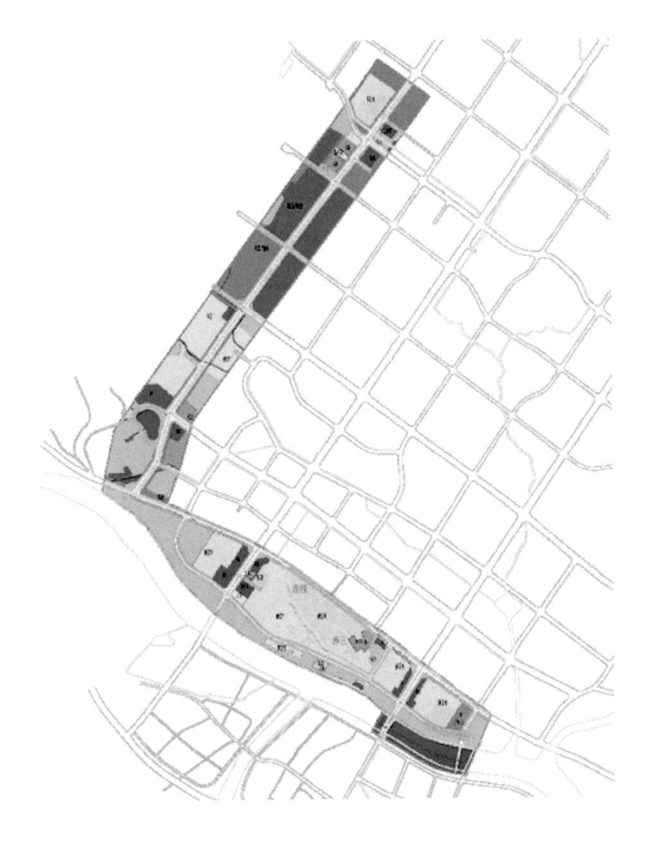

图 5-5 实例区远景用地规划示意图

实例区目标网架规划方案如下：

供电电源：新处变电站、新园变电站。

最大负荷：24.3MW（远景年）。

负荷密度：12.5MW/km^2（远景年）。

组网模式：多分段单联络，多分段适度联络。

目标网架简介：至远景年规划供电线路 8 条，其中新处变电站 4 回，新园变电站 4 回，形成多分段单联络 4 组，线路平均供电负荷 3.04MW 左右，线路平均供电半径 2.35km。目标网架地理接线及拓扑图分别如图 5-6 和图 5-7 所示。

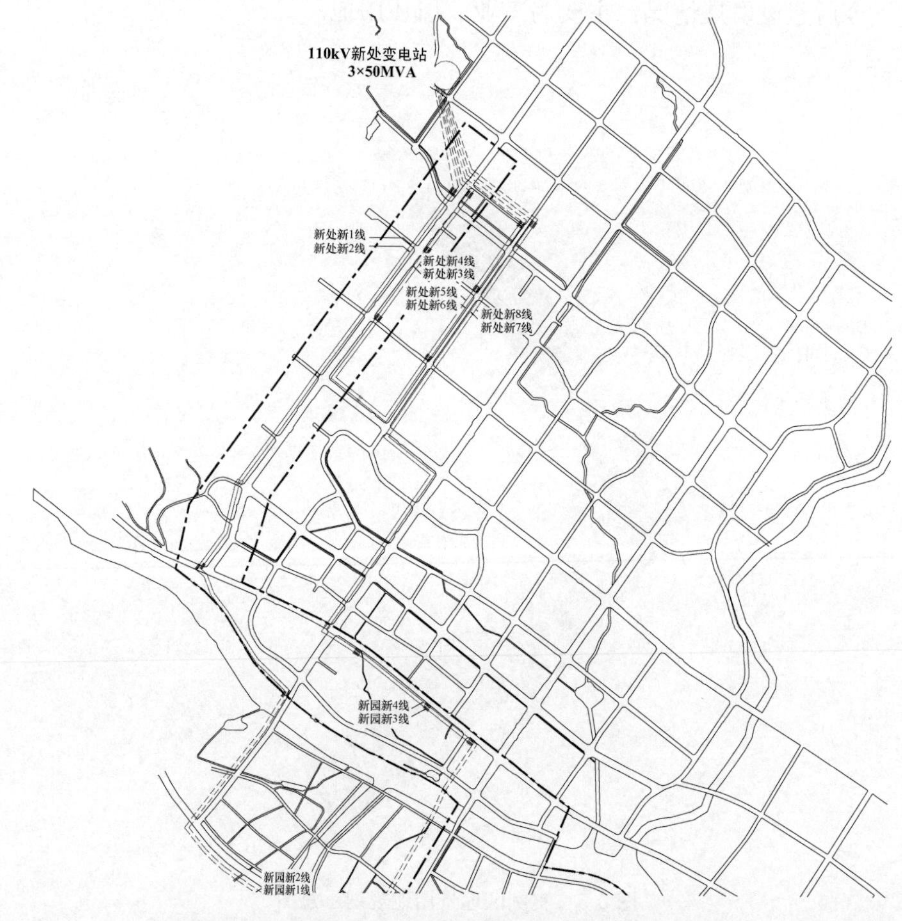

图 5-6 实例区远景年 10kV 目标网架地理接线示意图

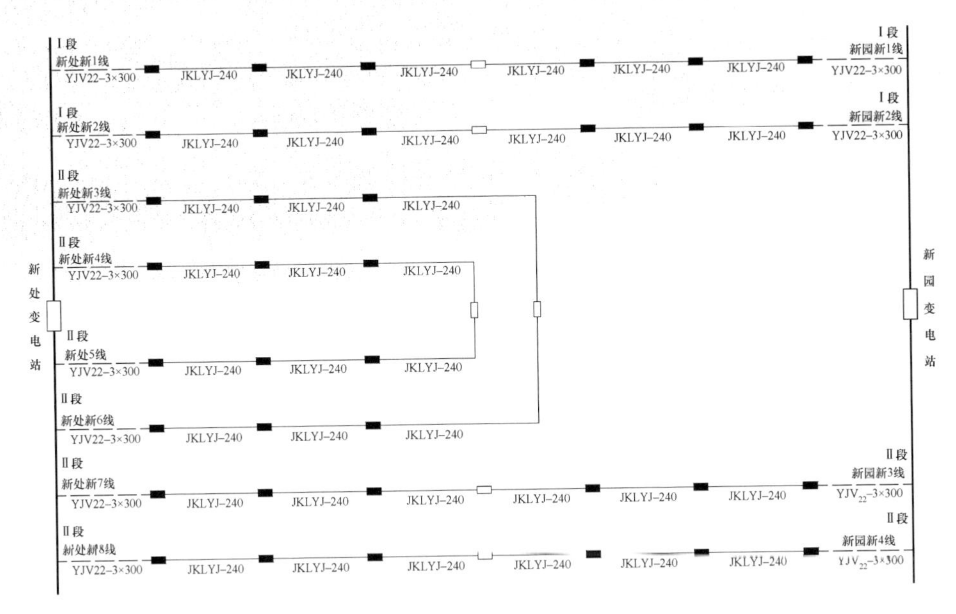

图 5-7　实例区远景年 10kV 目标网架拓扑图

二、近期规划方案

实例区 2017～2020 年过渡规划简介如下：

区域概况：实例区属 C 类供电区域。区域面积为 194.2 公顷，区域内现状以居住用地为主，近期部分地块开发以工业用地、居住用地为主。

供电电源：赤寿变电站。

最大负荷：公用：3.62MW（2016 年），9.09MW（2020 年），负荷增长约 5.46MW。

负荷增长点：主要考虑新增负荷和现有负荷自然负荷增长。

现状主要问题：二级问题：1 回 10kV 线路挂接配电变压器容量大于 12000kVA，三级问题：1 回 10kV 线路接线模式不合理，1 回 10kV 线路供电半径大于 5km。

建设标准：架空网络为主，干线采用 JKLYJ-240，组网方式采用架空网多分段适度联络接线。

过渡规划方案总体说明：通过新建线路满足新增负荷。

建设规模：新建架空线路 12.68km，新建电缆线路 0.62km，新建柱上开关 5 台。

建设投资：582.7 万元。

序号	工程名称	电压等级(kV)	中压线路				中压开关	中压配电		低压网配套		户表		总投资(万元)	投运时间(年)
			架空		电缆			柱上变压器							
			架空长度(km)	线路型号	电缆长度(km)	线路型号	柱上开关总数(台)	台数(台)	配电变压器容量(kVA)	低压架空(km)	低压电缆(km)	户表(户)	接户线(km)		
1	项目01	10	1.54	JKLYJ-240	0.00									78.00	2017
2	项目02	10	1.20	JKLYJ-240										60.00	2017
3	项目03	10	1.20	JKLYJ-240										61.00	2017
4	项目04	10	2.63	JKLYJ-240			1							95.05	2019
5	项目05	10	3.92	JKLYJ-240	0.62	YJV22-3×400								200	2018
6	项目06	10	1.42	JKLYJ-240			2							55.70	2019
7	项目07	10	0.77	JKLYJ-240			2							32.95	2019
	合计		12.68		0.62		5							582.7	

现状区域内主供电源为 4 回现状 10kV 线路，通过新建线路来满足近期地块开发的用电负荷需求。

1. 工程名称：项目 01

建设必要性：结合政府 2017 年纵二路道路建设规划，电力线路同时进行，将纵二路 10kV 双回线路延伸至江北路（SY-GS-01 网格），优化网架结构，满足 N-1 要求，提高供电可靠性。

工程属性：满足新增负荷供电要求。

建设目的：满足新增负荷。

工程说明：纵二路新建 10kV 双回线路延伸。

建设规模：新建架空线路 1.54km。

建设时间：2017 年。

建设投资：78 万元。

2. 工程名称：项目 02、项目 03

工程属性：满足新增负荷供电要求。

建设必要性：结合政府 2017 年纵二路道路建设规划，电力线路同时进行，将纵一路 10kV 双回线路延伸，优化网架结构，满足 N-1 要求，提高供电可靠性。

建设目的：满足新增负荷。

工程说明：纵一路东侧、纵一路西侧新建 10kV 架空线路，线路从横一路延伸。

建设规模：新建架空线路 2.4km。

建设时间：2017 年。

建设投资：121 万元。

3. 工程名称：项目 05

工程属性：满足新增负荷供电要求。

建设目的：满足新增负荷。

工程说明：赤寿变电站新出线路、沿纵一路两侧同杆架设，与建好新路对接，满足园区新增负荷需求。

建设规模：新建架空线路 3.92km，新建电缆线路 0.62km。

建设时间：2018 年。

建设投资：200 万元。

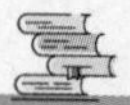

实例区 2018 年 10kV 网架地理接线及拓扑分别如图 5-8 和图 5-9 所示。

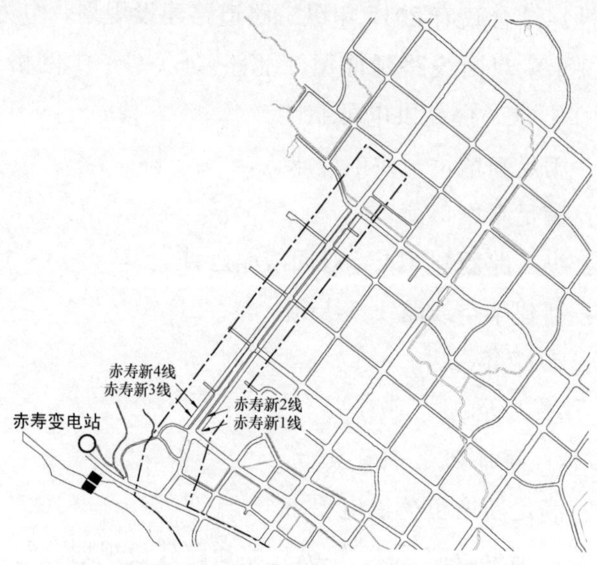

图 5-8 实例区 2018 年 10kV 网架地理接线示意图

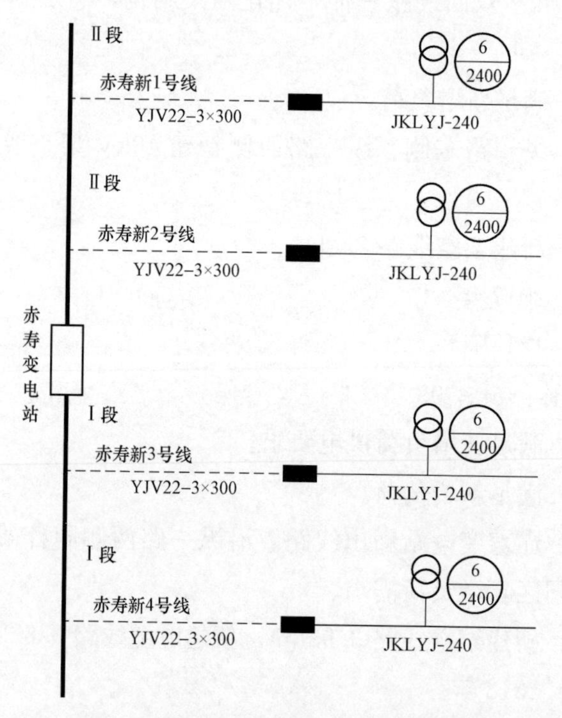

图 5-9 实例区 2018 年 10kV 网架拓扑图

4. 工程名称：项目 04

工程属性：满足新增负荷供电要求。

建设目的：优化网架结构。

工程说明：新建线路与某现状线路支线形成联络。

建设规模：新建架空线路 2.63km，新建柱上开关 1 台。

建设时间：2019 年。

建设投资：95.05 万元。

实例区 2019 年 10kV 网架地理接线及拓扑图分别如图 5-10 和图 5-11 所示。

图 5-10 实例区 2019 年 10kV 网架地理接线示意图

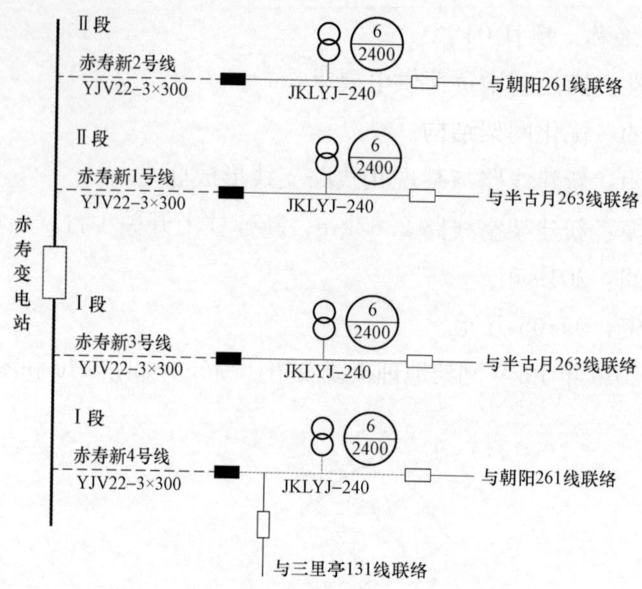

图 5-11 实例区 2019 年 10kV 网架拓扑图

5. 工程名称：项目 06

工程属性：满足新增负荷供电要求。

建设目的：优化网架结构。

工程说明：新建联络。

建设规模：新建架空线路 1.42km，新建柱上开关 2 台。

建设时间：2019 年。

建设投资：55.70 万元。

6. 工程名称：项目 07

工程属性：满足新增负荷供电要求。

建设目的：优化网架结构。

工程说明：新建联络。

建设规模：新建架空线路 0.77km，新建柱上开关 2 台。

建设时间：2019 年。

建设投资：32.95 万元。

三、“低电压”隐患治理方案

低电压问题形成原因多样，涉及面广、用户数量多，不能依靠单一手段、短时突击，彻底消除“低电压”问题，须“技术与管理齐头并进”，“治理与预防有序结合”，并以“管理与预防为主”，在公司各部门紧密协作下完成。

本次规划列举了各类型的“低电压”隐患治理方案，具体如下：

1. 变电站出口“低电压”隐患治理方案

为了排除变电站出口“低电压”隐患，全面开展变电站AVC（VQC）控制策略分析和设备消缺工作，对各变电站开展AVC（VQC）控制策略合理性分析和设备消缺工作，预防因AVC（VQC）参数设置不合理、设备运行不正常导致的母线低电压问题，确保变电站出口电压合格率100%。

2. 中压配电线路末端“低电压”隐患治理方案

可能引起10kV电压偏差的原因有：线路首端即变电站出线母线电压偏低；供电半径过大；线路存在“卡脖子”；线路负荷过重；线路无功补偿不足。针对不同的原因，可采用不同的方案进行治理。

受投资额度、地理条件、县域经济发展水平限制，部分县公司电源点布局不合理，偏远地区10kV供电半径过长末端电压偏低。根据经验，在10kV线路供电半径超过10km的情况下，线路的负载及自身压降影响，线路末端电压压降超过10%。中压长线路多存在于县级供电区的偏远地区，在缺少110kV及以上电源点或小水电电源的情况下，较易出现低电压的问题。

（1）治理方案一：新建规划变电站。通过新建变电站，新出10kV线路至用电地区，明显缩短10kV供电半径。适用于地区负荷将持续的增长，地区开发将引入商业、工业及居住区等，须结合基建项目考虑。

（2）治理方案二：35kV配电化。如果某地区突增负荷较多，而10kV线路容量有限。新建110kV电源点不仅工期较长，而且投资较大。综合考虑，可新建35kV简易变电站满足供电需求，缩短10kV供电距离。达到经济性与技术性的要求。在临近 35kV 线路的偏远区域，实现 35kV 线路配电化设计与建设，即利用 35kV 轻型化线路取代常规 10kV 配电线路，提升配电线路的电压等级，使 35kV 线路深入负荷中心，降低线路损耗，提升配电网供电能力，改善偏远农村地区的供电电压质量，并缩短建设周期，降低工程造价，有效解决农村用电负荷点呈带状分布的山区、半山区、丘陵或平原的“走廊”地带的居民用电问题，适用于 110kV 基建站建设困难、部分负荷在 35kV 线路沿线供电区域。35kV 线路配电化建设模式实施轻型化设计，线路采用 12～15m 钢筋混凝土电杆架设，并采用瓷横担或复合横担等进行绝缘连接，与常规 35kV 线路采用混凝土杆与铁塔混合架设以及悬式绝缘子相比，具有轻型化、投资少以及建设工期短等特点。35kV 配电化线路接线示意图如图 5-12 所示。

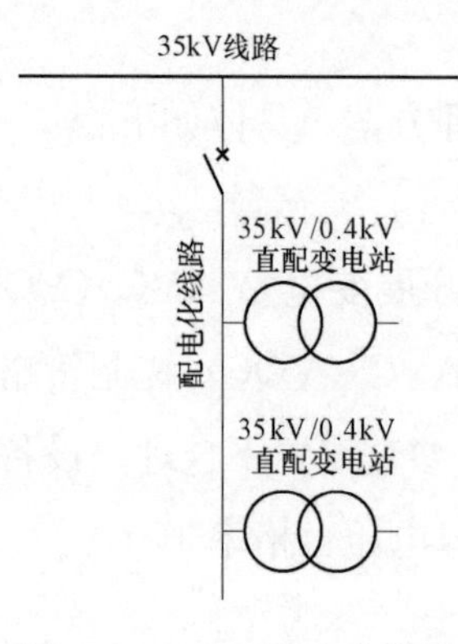

图 5-12　35kV 配电化线路接线示意图

(3) 治理方案三：安装 10kV 无功补偿装置。10kV 无功补偿器可补偿 10kV 线路上的无功功率，对于提升线路电压有一定作用，对于低压补偿装置较少的台区，可节省投资，使电压满足要求。但 10kV 无功补偿对电压的提升有限，一般提升在 500V 左右。适用于 10kV 线路本身无功补偿不足，且须提升的电压小于 500V。

(4) 治理方案四：10kV 线路调压器。调压器又称电压调整器 (Voltage Regulator)，是一种特殊变压器，其一、二次绕组电压比可在运行中按要求连续地改变。

适用对象：在缺少电源站点的地区，当 10kV 架空线路过长，电压质量不能满足要求时，可在线路适当位置加装线路调压器。非重载的农村电网 10kV 架空主干线路；一些偏远地区，负荷发展缓慢，远期规划不具备建设变电站或暂无线路改造计划，供电半径超过 15km 造成的低电压线路。对于某些电网，供电半径较大，线路压降大。若采用更换大截面导线意味着增加材料消耗和建本，经济性差。与之相比，使用线路调压器使末端电压符合要求。不仅提高线路、配电变压器出口电压质量，也降低了线路的损耗，节能效果显著。

治理方案：在10kV线路的后段（线路2/3处）安装线路自动调压器。

（5）治理方案五：10kV线路线径改造。合理选择导线截面，增加导线截面会降低导线电阻，减少线路压降和电能损耗。

适用对象：10kV线路线径改造适宜于主干截面低于技术标准（如线路主干线为LGJ-70、LGJ-50导线，分支线多为LGJ-35、LGJ-25导线），负载率达到90%以上，单位长度线损率为10%，优先进行线路线径改造。

将70、95、120mm²等截面导线更换为JKLYJ-240绝缘导线分支由25、35、50mm²等截面导线更换为JKLYJ-120绝缘导线，以降低压降，降低负载率，降低线路损耗，保证电压质量的同时达到了节能效果。

3. 配电变压器出口“低电压”隐患治理方案

（1）开展配电变压器三相不平衡排查治理工作。

1）充分利用负荷监测平台，全面排查配电变压器低压负荷三相不平衡情况，列出最高负载率超过80%且三相不平衡度超过20%的台区，及时去现场核实，平衡三相负荷，公司运检部定期开展三相不平衡台区治理抽查。

2）加强新接入负荷管控，建立运检、营销协同办公机制，根据配电变压器三相负荷分布情况，平衡有序的接入低压负荷。

（2）开展配电变压器分接头挡位排查调整工作。

1）重点对存在低电压隐患的台区，综合分析变电站母线电压、配电变压器位置、配电变压器所供负荷特性、配电变压器运行状况等情况，制订配电变压器挡位优化配置和调整方案，防止因配电变压器挡位不及时调整所引起的低电压问题。

2）加强新增配电变压器初始挡位管理，初始挡位一般选择在“+2挡”（即10.5kV），各单位应根据安装位置、负荷特性等因素，分区段合理确定本单位配电变压器分接头初设挡位。

3）建立配电变压器分接头挡位管理常态机制，各单位定期将当年迎峰度夏和迎峰度冬期间配电变压器分接头调整计划报送公司运检部，公司运检部结合迎峰期间低电压发生情况，开展抽查工作。

（3）加强配电变压器低压无功补偿装置管理。

1）全面梳理配电变压器无功补偿装置型号、数量、定值设置、投运情况，将配电变压器无功补偿装置统计表报送公司运检部。

2）加强配电变压器无功补偿装置消缺工作，确保可投率达95%以上。

项目六

综合型城镇配电网规划

【项目描述】

本项目介绍特色农业型城镇配电网高中压配电网的特点，及其高中压配电网规划的内容。

任务一　综合型城镇配电网现状评估

【任务描述】

本任务内容为对特色农业型城镇现状配电网进行调研，分析配电网网架结构、运行指标、设备状况等方面的实际情况，找出配电网存在的问题。

【典型实例】

一、高压电网现状分析

实例区内现状有变电站 2 座，分别为 35kV 凤桥变电站和 110kV 新篁变电站。35kV 凤桥变电站主变压器 2 台，总容量为 50MVA，主要为镇区及镇域中、北部农村地区供电。110kV 新篁变电站主变压器 1 台，容量为 50MVA，主要为镇域南部农村地区供电。区域内高压变电站设备情况详见表 6-1。

表 6-1　　110kV 及以下变电站设备情况统计表

分区名称	变电站名称	电压等级（kV）	变电总容量（MVA）	主变压器台数（台）	变电站容量构成（MVA）	无功补偿总容量（Mvar）	10kV 出线间隔总数	10kV 已出线间隔数	较老主变压器投运时间
镇区	凤桥变电站	35	50	2	2×25	13.2	22	17	2008 年
农村	新篁变电站	110	50	1	50	7.2	14	13	2009 年

高压侧主接线：35kV 凤桥变电站和 110kV 新篁变电站均为单母分段接线。

间隔利用率：35kV凤桥变电站中压出线总间隔数为22，已用17，间隔利用率为77%。110kV新篁变电站中压出线总间隔数为14，已用13，间隔利用率为100%，已没有可用10kV间隔。

运行年限：凤桥变电站和新篁变电站运行年限均在10年以内，运行设备状况良好。

二、中压配电网现状分析

中压配电网规模如下：

实例区域内10kV线路有32回。其中公用线路28回，专用线4回。实例区中压线路总长260.17km，其中电缆线34.08km，架空线226.09km，线路电缆化率为13.1%。中压配电变压器650台，总容量163560kVA，其中公用配电变压器450台，总容量82985kVA；专用配电变压器200台，总容量80575kVA。开关站4座，架空主干线柱上开关77台，无油化率100%。详情如表6-2所示。

表6-2　中压配电网现状统计表

项目		指　　标	值
装备水平	线路	10kV线路总数（回）	32
		其中：公用线路（回）	28
		专用线路（回）	4
		干线主要截面	JKLYJ-240、JKLYJ-185、YVJ22-3×300
		平均供电半径（km）	9.29
		线路平均分段数	3
		电缆化率（%）	13.10
		公用线路平均挂接配电变压器容量（kVA/回）	5841
		老旧线路回数（回）	0
	配电变压器	配电变压器总台数（台）	650
		配电变压器总容量（kVA）	163560
		其中：公用配电变压器（台）	450
		容量（kVA）	82985

续表

项目		指标	值
装备水平	配电变压器	高损配电变压器比例（%）	2
		老旧配电变压器比例（%）	0.7
	开关	开关站数量（座）	4
		单电源运行开关站（座）	0
		环网柜数量（座）	0
		开关（台）	77
		开关无油化率（%）	100
供电能力	线路	10kV线路总负荷（MW）	65.43
		公用线路平均负载率（%）	21.84
		线路挂接配电变压器平均负载率（%）	26.15
		理论电压降大于5%线路回数（回）	0
电网结构	线路	环网化率（%）	92.86
		$N-1$校验通过率（%）	78.57

三、现状电网存在的问题

（1）高压电网。

供电能力：实例区整体电网综合容载比为1.7，不满足导则要求的1.8～2.2之间，可见整体供电能力凸显紧张。

网架结构：35kV凤桥变电站为双辐射供电，电源来自220kV烟雨变电站，供电可靠性略差。当烟雨变电站整站停电时，凤桥变电站也整站停电。

设备水平：35kV凤桥变电站存在的主要问题是两台主变压器容量较小，均为25MVA，导致负载率较高以及不通过主变压器$N-1$校验。110kV新篁变电站存在的问题：① 只有单台主变压器投入运行，可靠性较差，不满足主变压器$N-1$校验；② 10kV间隔利用率已达到100%，严重制约该地负荷的接入；③ 无功补偿容量略有不足。

（2）中压电网。

供电能力：实例区现状10kV公用线路最大负载率平均值为30.8%，

从总体看 10kV 电网供电能力较为合理。28 回 10kV 公用线路中，1 回重过载运行。

网架结构：现状 10kV 配网网架存在的主要问题有：① 线路接线不标准，有少量辐射线路，不满足 $N-1$ 校验；② 存在少量线路分段不合理。

设备水平：首先，实例区 10kV 公用电网供电半径较大，平均主干长度达到 4.14km，供电半径超标线路达到 14 回。其次，分支联络线导线截面较小，多为 JKLYJ-70，制约线路进行转供；最后，运行年限超过 15 年的 10kV 线路有 3 回，凤桥变电站和新篁变电站各 2 回。

任务二　综合型城镇配电网负荷预测

【任务描述】

本任务主要内容是在正确的理论指导下，在调查研究掌握详实资料的基础上，对旅游开发型城镇电力负荷的发展趋势做出科学合理的推断。

【典型实例】

一、负荷预测方法和密度指标的选取

综合考虑实例区的地理位置、经济发展等因素，确定用地负荷密度指标水平和人均用电负荷水平如表 6-3 所示。

表 6-3　　实例区用地负荷密度指标一览表

序号	用地性质	占地负荷密度（W/m²）		
		镇区	集镇	农村
1	村庄用地	—	—	10
2	二类工业用地	20	15	—
3	二类居住用地	15	10	—
4	发展弹性用地	15	10	—

续表

序号	用地性质	占地负荷密度（W/m^2）		
		镇区	集镇	农村
5	公共绿地	1	1	—
6	公路交通用地	1	1	—
7	供应设施用地	15	10	—
8	广场用地	1	1	—
9	行政办公用地	20	15	—
10	环境设施用地	10	8	—
11	教育科研用地	15	10	—
12	其他公共设施用地	10	8	—
13	商业金融用地	30	25	—
14	商住用地	20	15	—
15	体育用地	5	5	—
16	文体娱乐用地	15	10	—
17	一类工业用地	15	10	—
18	一类物流仓储用地	2	2	—
19	医疗卫生用地	20	15	15
20	中小学用地	15	10	—
21	公共绿地	1	1	1

二、远景负荷预测

1. 镇区

根据空间负荷预测结果，实例区远景负荷为 72.47MW，负荷密度为 10.93MW/km^2，详情如表 6-4 所示。

表 6-4　　实例区远景年负荷预测结果

序号	用地分类		用地性质	面积（m^2）	负荷密度（W/m^2）	用电负荷（MW）
1	R		居住用地	2827985		
	其中	R2	二类住宅用地	2651676	15	39.78
		R22	中小学用地	176309	15	2.64

续表

序号	用地分类		用地性质	面积（m²）	负荷密度（W/m²）	用电负荷（MW）
2	C		公共管理与公共服务用地	1779007		
	其中	C1	行政办公用地	42343	20	0.85
		C2	商业金融用地	94479	30	2.83
		C3	文体娱乐用地	105731	15	1.59
		C4	体育用地	44846	5	0.22
		C5	医疗卫生用地	298358	20	5.97
		C6	教育科研用地	3046	15	0.05
		CR	商住用地	1190204	20	23.80
3	T		公共交通用地	11568		
	其中	T1	公路交通用地	11568	1	0.01
4	S		道路与交通设施用地	35781		
	其中	S2	广场用地	35781	1	0.04
5	U		公用设施用地	30807		
	其中	U1	供应设施用地	30807	15	0.46
6	G		绿地与广场用地	465460		
	其中	G1	公共绿地	465460	1	0.47
7		发展弹性用地		1462543	15	21.94
	合计（同时率取 0.72）			6634786		72.47

2. 集镇

根据空间负荷预测结果，实例区远景负荷为 33.45MW，负荷密度为 8.34MW/km²，详情如表 6-5 所示。

表 6-5　集镇远景年负荷预测结果

序号	用地性质	面积（m²）	负荷密度（W/m²）	用电负荷（MW）
1	行政办公用地	13785	15	0.21
2	文体娱乐用地	2630	10	0.03
3	体育用地	14646	5	0.07
4	医疗卫生用地	106260	15	1.59

续表

序号	用地性质	面积（m^2）	负荷密度（W/m^2）	用电负荷（MW）
5	教育科研用地	10028	10	0.10
6	其他公共设施用地	5646	8	0.05
7	商住用地	132693	15	1.99
8	公共绿地	218707	1	0.22
9	一类工业用地	62044	10	0.62
10	二类工业用地	1543466	15	23.15
11	二类居住用地	617196	10	6.17
12	中小学用地	43341	10	0.43
13	广场用地	6319	1	0.00
14	公路交通用地	4857	1	0.00
15	供应设施用地	13468	10	0.13
16	环境设施用地	7565	8	0.06
17	一类物流仓储用地	52449	2	0.10
18	发展弹性用地	1153570	10	11.54
19	合计（同时率取 0.72）	4008670		33.45

3. 农村

根据空间负荷预测结果，实例区远景负荷为 13.56MW，负荷密度为 6.75MW/km²，详情如表 6-6 所示。

表 6-6　村远景年负荷预测结果

序号	用地性质	面积（m^2）	负荷密度（W/m^2）	用电负荷（MW）
1	村庄用地	1827003	10	18.27
2	公共绿地	159584	1	0.16
3	医疗卫生用地	26574	15	0.40

4. 实例区远景负荷综合预测结果

综合上述镇区、集镇和农村的负荷预测结果，得出实例区远景负荷预测结果。至远景年，实例区预测总负荷为 119.48MW，其中镇区负荷 72.47MW，集镇负荷为 33.45MW，农村负荷为 13.56MW。预测结果如表

6-7 所示。

表 6-7　　　　实例区远景年负荷预测结果

等级	供电面积（km^2）	负荷（MW）	密度（MW/km^2）
镇区	6.63	72.47	10.93
集镇	4.01	33.45	8.34
农村	2.01	13.56	6.75
合计	12.65	119.48	9.45

三、近期负荷预测

运用年增长率法以及“自然增长＋大用户”法，对实例区近期负荷进行了预测，结果如表 6-8 所示。

表 6-8　　　　实例区近期负荷预测结果一览表

项目	2016 年	2017 年	2018 年	2019 年	2020 年	远景年
自然增长（MW）	62.87	65.07	67.35	69.70	72.14	—
报装大用户（MW）	8.93	9.57	10.26	10.99	11.78	—
合计（MW）	71.80	74.64	77.60	80.69	83.92	119.48

任务三　确定综合型城镇配电网规划目标及重点

【任务描述】

本任务主要讲解综合型城镇配电网规划目标及重点，通过知识点讲解，了解综合型城镇配电网特点，及其规划工作侧重点。

【知识要点】

（1）综合型城镇的城市规划特征及配电网特点；

（2）综合型城镇的规划特点。

【技术要领】

一、城市规划特征及配电网特点

综合型城镇规划由不同类型功能区组成的城镇体系，城镇体系中包括镇区、商业、工业、旅游、特色农业等不同类型区域，一般为重点开发城镇，城市建设开发用地规模比例较大。

为满足不同类型区域的差异性用电要求，适应不同地区的地理及环境差异，应细化划分供电区域进行差异化规划。按照地区负荷密度、用户重要程度、可靠性要求等，可将配电网划分为若干类不同的区域，制定相应的建设标准和发展重点。

二、规划目标

规划目标如表6-9所示。

表6-9　综合型城镇配电网规划目标指标

类　型	供电可靠性	综合电压合格率
负荷密度高，对供电可靠性和电能质量有特殊要求的园区 商业金融核心区域（CBD） 大型城市旅游区	用户年平均停电时间不高于52min（≥99.990%）	≥99.98%
国家级或省级高新技术园区、城市工业集聚区或保税园区 区域性商务办公区和会展中心、大型商业市场区 小型城镇旅游区	用户年平均停电时间不高于3h（≥99.965%）	≥99.95%
一般制造产业园区 农业加工区 各类城镇镇区	用户年平均停电时间不高于9h（≥99.897%）	≥99.70%
独立风景区 特色农业区	用户年平均停电时间不高于15h（≥99.897%）	≥99.30%
非城市开发区域	不低于向社会承诺的指标	不低于向社会承诺的指标

任务四 综合型城镇高压配电网架规划

【任务描述】

本任务主要讲解综合型城镇高压电网规划特点和高压配电网规划工作具体内容。

【知识要点】

（1）综合型城镇变电站选址定容：基于负荷预测结果确定区域变电站座数与主变压器容量，并根据负荷分布情况，选取变电站所在站址；

（2）综合型城镇高压网典型接线模式及网络结构。

【技术要领】

主变压器选择、接线模式、导线截面选择见表6-10～表6-12。

表6-10 综合型城镇主变压器的选择

电压等级	区域类型	台数（台）	单台容量（MVA）
110kV	负荷密度高，对供电可靠性和电能质量有特殊要求的园区 商业金融核心区域（CBD） 大型城市旅游区	3～4	63、50
	国家级或省级高新技术园区、城市工业集聚区或保税园区 区域性商务办公区和会展中心、大型商业市场区 小型城镇旅游区	2～3	63、50、40
	一般制造产业园区 农业加工区 各类城镇镇区	2～3	50、40、31.5
	独立风景区 特色农业区	2～3	40、31.5、20
	非城市开发区域	1～2	20、12.5、6.3

续表

电压等级	区域类型	台数（台）	单台容量（MVA）
35kV	独立风景区 特色农业区	1～3	10、6.3、3.15
	非城市开发区域	1～2	10、6.3

注　本表中主变压器选型信息供参考，具体选型须根据最新规划原则并结合区域发展定位等信息综合考量。

表 6-11　　综合型城镇适用的高压接线模式

电压等级	区域类型	链式			环网		辐射	
		三链	双链	单链	双环网	单环网	双辐射	单辐射
110kV	负荷密度高，对供电可靠性和电能质量有特殊要求的园区 商业金融核心区域（CBD） 大型城市旅游区	√	√		√		√	
	国家级或省级高新技术园区、城市工业集聚区或保税园区 区域性商务办公区和会展中心、大型商业市场区 小型城镇旅游区		√	√	√		√	
	一般制造产业园区 农业加工区 各类城镇镇区		√	√	√	√	√	
	独立风景区 特色农业区				√	√	√	
	非城市开发区域							√
35kV	独立风景区 特色农业区				√	√	√	
	非城市开发区域							√

表 6-12　　综合型城镇导线截面的选择

电压等级	区域类型	导线截面
110kV	负荷密度高，对供电可靠性和电能质量有特殊要求的园区 商业金融核心区域（CBD） 大型城市旅游区	$300mm^2$、$240mm^2$

续表

电压等级	区域类型	导线截面
110kV	国家级或省级高新技术园区、城市工业集聚区或保税园区 区域性商务办公区和会展中心、大型商业市场区 小型城镇旅游区	240mm^2
	一般制造产业园区 农业加工区 各类城镇镇区	150mm^2
	独立风景区 特色农业区	150mm^2
	非城市开发区域	150mm^2
35kV	独立风景区 特色农业区	120mm^2
	非城市开发区域	120mm^2

注 本表中导线选型信息供参考，具体选型须根据最新标准物料库并结合区域发展定位、负荷需求等信息综合考量。

供电安全标准：负荷密度高，对供电可靠性和电能质量有特殊要求的园区；商业金融核心区域（CBD）；大型城市旅游区故障变电站所带的负荷应在 15min 内恢复供电；其它类型区域故障变电站所带的负荷，其大部分负荷（不小于 2/3）应在 15min 内恢复供电，其余负荷应在 3h 内恢复供电。

【典型实例】

1. 高压电网规划说明

根据电力设施布局规划，至 2020 年，涉及为实例区供电的高压变电站的规划情况如表 6-13 所示。其中，镇区主供电源 35kV 凤桥变电站无工程，荷花变电站于 2020 年建成投运。集镇主供电源 110kV 新篁变于 2016 年进行 2 号主变压器扩建。

表 6-13　　实例区及其周边高压变电站规划建设情况

变电站名称	电压等级	现状容量（MVA）	规划容量（MW）	备注
新篁变电站	110	50	50+50	2016 年扩建 2 号主变压器
凤桥变电站	110	25+25	50+50	2020 年后升压扩容
荷花变电站	35	—	10+10	2020 年建成

2. 容载比分析

根据上述高压规划情况和电力负荷预测结果，分别对实例区和实例区内镇区进行容载比分析。

由表 6-14 可知，实例区 110kV 电网在 2020 年前变电容量能满足负荷增长需求。远景年，为实例区供电的 110kV 变电总容量达到 230MVA，容载比为 1.93，能够满足镇域最高负荷 119.48MW 的用电需求。

表 6-14　　实例区容载比分析一览表

项　　目	2016 年	2017 年	2018 年	2019 年	2020 年	远景年
镇域最大负荷	71.80	74.64	77.60	80.69	83.92	119.48
220kV 直供 35kV 负荷	28.96	29.97	31.02	32.10	33.22	0.00
110kV 以下地方电厂出力	0	0	0	0	0	0
从区外受进电力	0	0	0	0	0	0
向区外受出电力	0	0	0	0	0	0
需要 110kV 受电电力	42.84	44.67	46.58	48.57	50.64	119.48
110kV 变电容量合计	100	100	100	100	100	230
其中：凤桥变电站	—	—	—	—	—	100
新篁变电站	100	100	100	100	100	100
荷花变电站	—	—	—	—		20
余北变电站	—	—	—	—		10
容载比（当年投产全计）	2.33	2.24	2.15	2.06	1.97	1.93

根据分析可知，现状年实例区 110kV 容载比为 2.23，由于 110kV 新篁变电站扩建第两台主变压器，缓解了区域高压变电容量不足的问题，并增强与凤桥变电站的联络，提高供电可靠性，在 2020 年前变电容量能满足负荷增长需求。

任务五 综合型城镇中压配电网规划

【任务描述】

本任务主要讲解综合型城镇中压配电网规划特点及中压配电网规划工作具体内容。

【知识要点】

（1）综合型城镇配电变压器及其容量选定；

（2）综合型城镇中压网典型接线模式及网络结构。

【技术要领】

综合型城镇中压配电网规划网架的配电变压器选择、网架结构选择、供电半径长度、导线截面选择等要领参考以下内容。

配电变压器选择：城市建设区域主要选择配电室或箱式变压器，农业区及非城市开发区域主要选择柱上变压器。电网结构、供电半径、截面选择见表 6-15～表 6-17。

表 6-15 综合型城镇中压配电网推荐电网结构

区域类型	推荐电网结构
负荷密度高，对供电可靠性和电能质量有特殊要求的园区 商业金融核心区域（CBD） 大型城市旅游区	电缆网：双环式、单环式 架空网：多分段适度联络
国家级或省级高新技术园区、城市工业集聚区或保税园区 区域性商务办公区和会展中心、大型商业市场区 小型城镇旅游区	电缆网：单环式 架空网：多分段适度联络
一般制造产业园区 农业加工区 各类城镇镇区	电缆网：单环式 架空网：多分段适度联络

续表

区域类型	推荐电网结构
独立风景区 特色农业区	架空网：多分段适度联络、单辐射
非城市开发区域	架空网：单辐射

表 6-16　　综合型城镇中压配电网供电半径

区域类型	供电半径
负荷密度高，对供电可靠性和电能质量有特殊要求的园区 商业金融核心区域（CBD） 大型城市旅游区	不宜超过 3km
国家级或省级高新技术园区、城市工业集聚区或保税园区 区域性商务办公区和会展中心、大型商业市场区 小型城镇旅游区	不宜超过 3km
一般制造产业园区 农业加工区 各类城镇镇区	不宜超过 5km
独立风景区 特色农业区	不宜超过 15km
非城市开发区域	根据需要经计算确定

表 6-17　　综合型城镇中压配电网线路截面选择

110～35kV 主变压器容量（MVA）	10kV 出线间隔数	10kV 主干线截面（mm^2）		10kV 分支线截面（mm^2）	
		架空	电缆	架空	电缆
50、40	8～14	240、185	400、300	150	185
31.5	8～12	240、185	400、300	150	185
20	6～8	240、185	400、300	150	185
12.5、10、6.3	4～8	240、185	—	150	—

注　本表中导线选型信息供参考，具体选型须根据最新标准物料库并结合区域发展定位、负荷需求等信息综合考量。

【典型实例】

一、目标网架规划

至远景年，典型实例网格区域负荷为 78.29MW。按照典型供电模式，共需 30 回 10kV 线路为典型实例区域供电。其中镇区西南部形成一个双环网结构，其余 26 回馈线形成 13 组多分段单联络接线方式为典型实例区域供电，上级电源点来自不同 110kV 变电站，如图 6-1 所示。其中荷花变电站出线表示近期新规划线路，余北变电站出线表示远景新规划线路。

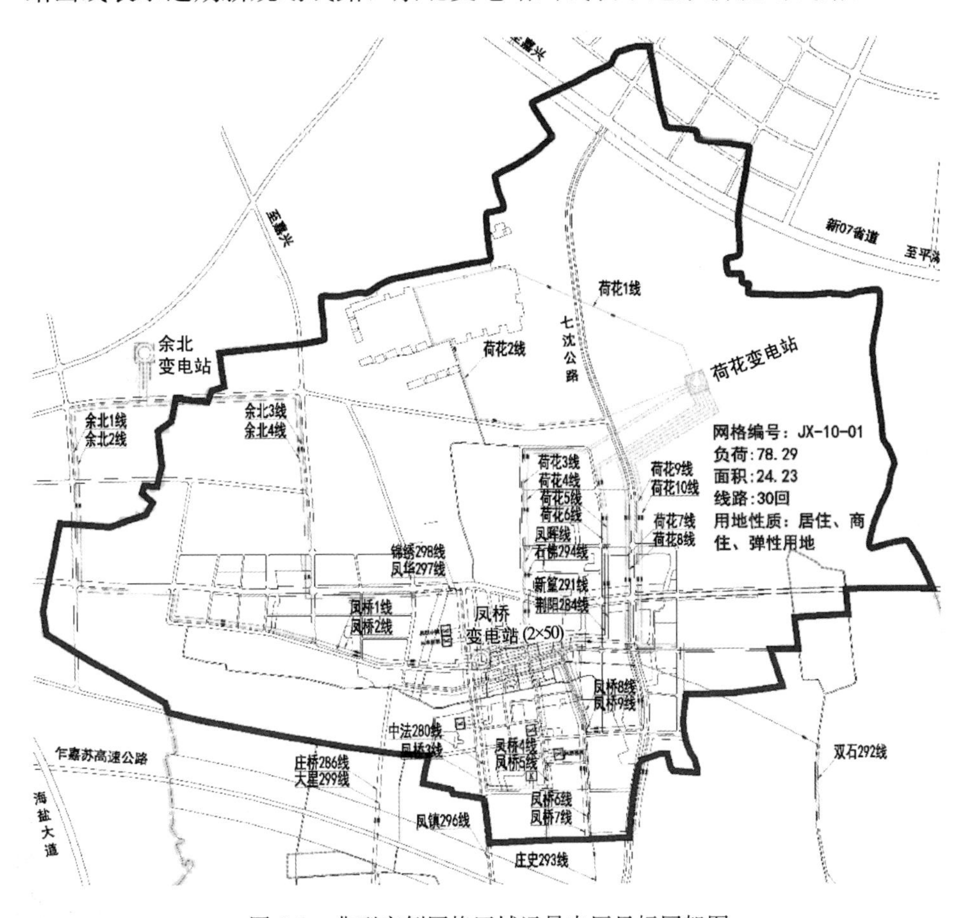

图 6-1　典型实例网格区域远景中压目标网架图

二、近期规划方案

1. 某线路近期新建工程

建设必要性：现状某线路负载率达到70%，且不通过$N-1$校验，为了提高该区域供电可靠性，优化网络结构，需要新出1回线路割切现状10kV线路的负荷。

建设方案：从变电站新出1回10kV架空线路，对接现状线路某支线11号杆，并于该支线起始端新建联络开关。

项目可行性：线路的架设均沿着当地政府的规划道路架设，原则上项目切实可行。

实施效果：工程实施后，新建线路割切现状线路2.08MW负荷，现状线路的负载率预测为45%，新建线路的线路负载率为32%。线路新建工程地理图如图6-2所示。

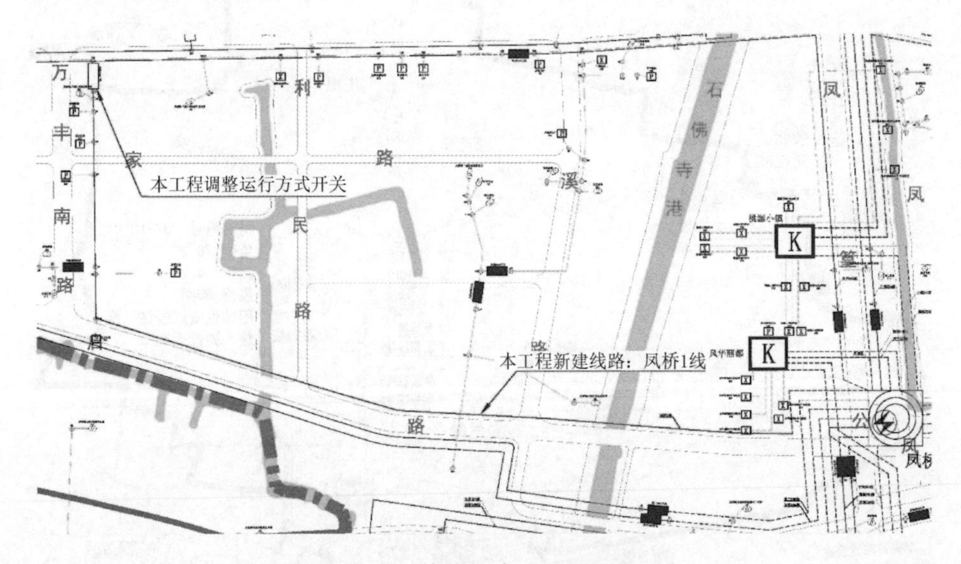

图6-2 线路新建工程地理图

2. 某开关站工程

建设必要性：2016年周边商住地块计算报装容量约7000kVA，该工程为满足新开发地块的用电需求。

建设方案：新建开关站 1 座，由 2 回 10kV 线路从现状开关站环出后接入。

项目可行性：具备廊道条件，该工程可行。

实施效果：方案实施后，满足了新开发地块的用地需求。

开关站工程地理图如图 6-3 所示。

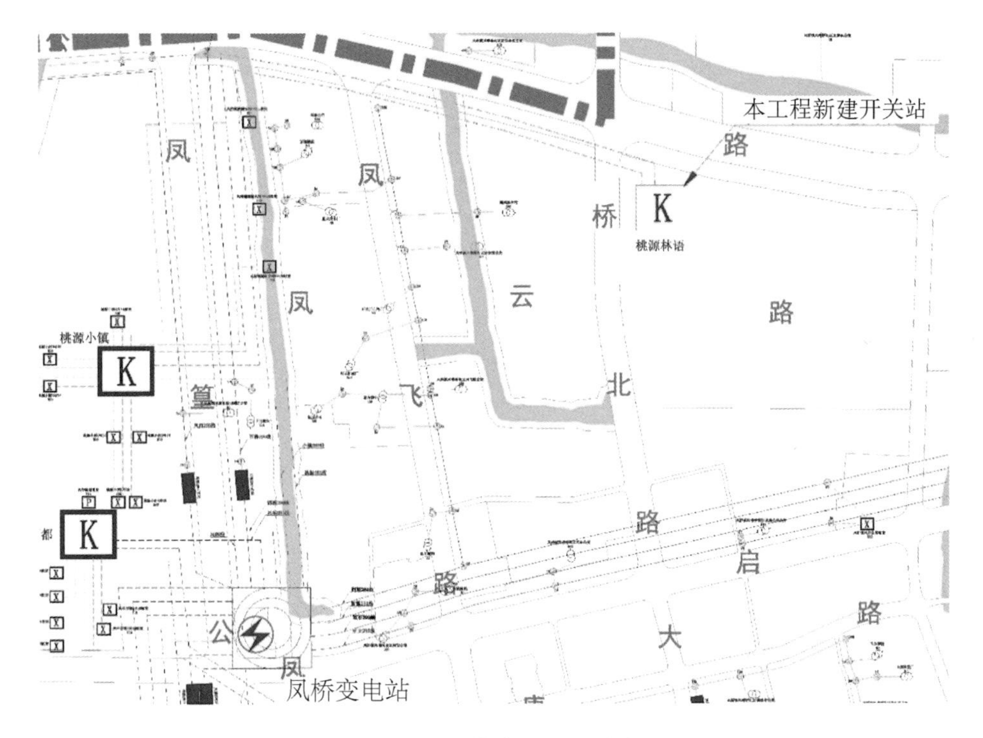

图 6-3　开关站工程地理图

项目七

投资估算与成效分析

【项目描述】

本项目介绍规划项目的工程量统计和工程投资估算方法，以及规划成效分析的相关内容。

任务一　工程规模统计和投资估算分析

【任务描述】

本任务主要讲解配电网规划项目分口径、分类别和分电压等级的工程量统计方法，以及各项目的投资统计方法。

【知识要点】

(1) 公用网工程项目分类；

(2) 综合单价的定义：指设备及其安装、运输、调整等工程综合成本费用。

【技术要领】

(1) 按照公用网投资和用户工程投资两个口径进行统计；分类统计各电压等级配电网的新扩建工程和改造工程投资规模。

(2) 按设备综合单价，结合工程投资规模，计算各电压等级及不同类型工程的投资量。

【典型实例】

一、工程规模

至远景，构建目标网架共需新建 10kV 电缆线路 116.57km，10kV 架空线路 163.84km，新建环网单元 76 座，新建柱上开关 115 台。中压配电网规划项目规模估算如表 7-1 所示。

表 7-1 中压配电网规划项目规模估算

项目	2016 年	2017 年	2018 年	2019 年	2020 年	远景	合计
新建电缆（km）	14.29	5.5	6.12	0	3.78	86.88	116.57
新建架空线（km）	36.75	3.62	13.59	2.06	9.17	98.65	163.84
新建环网单元（座）	5	2	3	0	0	66	76
新建柱上开关（台）	1	5	9	2	14	84	115

二、配电网项目投资估算

根据配电网建设规模，对典型实例区构建目标网架所需投资进行估算，估算结果如表 7-2 所示。

表 7-2 中压配电网规划投资估算

项　　目		2016 年	2017 年	2018 年	2019 年	2020 年	远景	合计
中压配电网	线路工程	2419	659	1156	82	745	12634	17695
	开关类工程	154	80	126	8	56	2316	2740
	配电变压器工程	1014	800	900	500	500	3400	7114
低压工程		2464	1400	1260	840	700	4760	11424
配电自动化工程		2592	461	410	200	163	4844	8670
合计		8643	3400	3852	1630	2163	27954	47643

由表 7-2 可知，典型实例区为了构建目标网架，“十三五”期间共需投资 1.97 亿元，远景共计需投资约 4.76 亿元。

任务二　成　效　分　析

【任务描述】

本任务主要讲解配电网规划成效分析的相关内容和分析方法。

【知识要点】

规划成效包括配电网总体指标分析和经济技术评估两个方面。

【技术要领】

规划成效分析从综合指标的变化情况和技术经济评估两个方面进行分析。其中综合指标分析包括配电自动化覆盖率、中压线路 $N-1$ 通过率、停电时间分析，故障操作时间分析等内容；技术经济评估分为经济效益和社会效益两个方面分别进行阐述说明。

【典型实例】

远景共有 6 座 110kV 变电站向典型实例区域提供 10kV 电源。共有 10kV 出线 129 回，构成电缆双环网 11 组，电缆单环网 1 组，多分段单联络 43 组。

典型实例区远景规划后，中压平均线路长度由 3.83km 减为 3.69km，电缆化率和绝缘化率均为 100%，环网化率由 92.86%提升到 100%，$N-1$ 通过率由 85.71%提升到 100%。典型实例区各项指标对比如表 7-3 所示。

表 7-3　　典型实例区各项指标对比表

指　标		2016 年	2017 年	2018 年	2020 年	远景
地块面积（km^2）		127.3	127.3	127.3	127.3	127.3
10kV 总负荷（MW）		238.2	242.6	247.2	252.8	338.7
负荷密度（MW/km^2）		1.87	1.91	1.94	1.99	2.66
公用线路回数		92	95	99	108	129
中压线路长度	架空线路（km）	548.33	560.4	573.73	584.96	683.61
	电缆线路（km）	108.32	117.23	121.81	125.59	212.47
中压平均主干线长度（km）		3.78	3.71	3.65	3.54	3.69
中压平均线路长度（km）		7.14	7.13	7.03	6.58	6.95
电缆化率（%）		16.50	17.30	17.51	17.68	23.71
绝缘化率（%）		100	100	100	100	100

续表

指　　标	2016年	2017年	2018年	2020年	远景
环网化率（%）	92.39	94.74	100	100	100
$N-1$通过率（%）	90.22	92.63	100	100	100
中压线路平均负载率（%）	32.19	31.65	31.24	29.88	33.51

一、供电能力规划效果

典型实例区域完成目标网络的建设后，各变电站的负荷均有所增长，变电站负荷分布在合理范围内，既满足了变电站运行的经济性又能保证一定的供电裕度，可为区域提供安全可靠的供电。

二、运行指标规划效果

本次典型实例区域近期和远景可靠性计算结果如表7-4和表7-5所示，由表中数据可知，近期实例区供电可靠性为99.9417%，远景供电可靠性为99.9577%，基本满足该区域的规划要求。

表7-4　　典型实例区域接线模式供电可靠性分析表

供电模式	近期线路回数	远景线路回数	理论可靠性（%）
辐射式			99.8847
多分段适度联络式	100	85	99.9372
单环式	8	2	99.9973
双环式		42	99.9973

表7-5　　典型实例区域供电可靠指标性分析表

指标名称	近期指标	远期指标
供电可靠性（%）	99.9417	99.9577
平均停电时间（h）	5.11	3.71
电压合格率（%）	100	100

附表一 远景负荷密度指标及需用系数选取参考值

用地名称				指标说明	负荷密度（kW/km^2）			负荷指标（W/m^2）		
					低方案	中方案	高方案	低方案	中方案	高方案
R	居住用地（以小区为单位）	R1	一类居住用地	公用设施、交通设施和公共服务设施齐全、布局完整、环境良好的低层住区用地	—	—	—	25	30	35
		R2	二类居住用地	公用设施、交通设施和公共服务设施较齐全、布局较完整、环境良好的多、中、高层住区用地	—	—	—	15	20	25
		R3	三类居住用地	公用设施、交通设施不齐全，公共服务设施较欠缺，环境较差，需要加以改造的简陋住区用地，包括危房、棚户区、临时住宅等用地	—	—	—	10	12	15
A	公共管理与公共服务用地（以用户为单位）	A1	行政办公用地	党政机关、社会团体、事业单位等机构及其相关设施用地	—	—	—	35	45	55
		A2	文化设施用地	图书、展览等公共文化活动设施用地	—	—	—	40	50	55
		A3	教育用地	高等院校、中等专业学校、中学、小学、科研事业单位等用地，包括为学校配建的独立地段的学生生活用地	—	—	—	20	30	40
		A4	体育用地	体育场馆和体育训练基地等用地，不包括学校等机构专用的体育设施用地	—	—	—	20	30	40
		A5	医疗卫生用地	医疗、保健、卫生、防疫、康复和急救设施等用地	—	—	—	40	45	50
		A6	社会福利设施用地	为社会提供福利和慈善服务的设施及其附属设施用地，包括福利院、养老院、孤儿院等用地	—	—	—	25	35	45
		A7	文物古迹用地	具有历史、艺术、科学价值且没有其他使用功能的建筑物、构筑物、遗址、墓葬等用地	—	—	—	25	35	45
		A8	外事用地	外国驻华使馆、领事馆、国际机构及其生活设施等	—	—	—	25	35	45
		A9	宗教设施用地	宗教活动场所用地	—	—	—	25	35	45

续表

用地名称				指标说明	负荷密度（kW/km^2）			负荷指标（W/m^2）		
					低方案	中方案	高方案	低方案	中方案	高方案
B	商业设施用地（以用户为单位）	B1	商业设施用地	各类商业经营活动及餐饮、旅馆等服务业用地	—	—	—	50	70	85
		B2	商务设施用地	金融、保险、证券、新闻出版、文艺团体等综合性办公用地	—	—	—	50	70	85
		B3	娱乐康体用地	各类娱乐、康体等设施用地	—	—	—	50	70	85
		B4	公用设施营业网点用地	零售加油、加气、电信、邮政等公用设施营业网点用地	—	—	—	25	35	45
		B9	其他服务设施用地	业余学校、民营培训机构、私人诊所、宠物医院等其他服务设施用地	—	—	—	25	35	45
M	工业用地（以用户为单位）	M1	一类工业用地	对居住和公共环境基本无干扰、污染和安全隐患的工业用地	45	55	70	—	—	—
		M2	二类工业用地	对居住和公共环境有一定干扰、污染和安全隐患的工业用地	40	50	60	—	—	—
		M3	三类工业用地	对居住和公共环境有严重干扰、污染和安全隐患的工业用地	40	50	60	—	—	—
W	仓储用地（以用户为单位）	W1	一类物流仓储用地	对居住和公共环境基本无干扰、污染和安全隐患的物流仓储用地	5	12	20	—	—	—
		W2	二类物流仓储用地	对居住和公共环境有一定干扰、污染和安全隐患的物流仓储用地	5	12	20	—	—	—
		W3	三类物流仓储用地	存放易燃、易爆和剧毒等危险品的专用仓库用地	10	15	20	—	—	—
S	交通设施用地	S1	城市道路用地	快速路、主干路、次干路和支路用地，包括其交叉路口用地，不包括居住用地、工业用地等内部配建的道路用地	2	3	5	—	—	—
		S2	轨道交通线路用地	轨道交通地面以上部分的线路用地	2	2	2	—	—	—
		S3	综合交通枢纽用地	铁路客货运站、公路长途客货运站、港口客运码头、公交枢纽及其附属用地	40	50	60	—	—	—

续表

用地名称				指标说明	负荷密度（kW/km^2）			负荷指标（W/m^2）		
					低方案	中方案	高方案	低方案	中方案	高方案
S	交通设施用地	S4	交通场站用地	静态交通设施用地，不包括交通指挥中心、交通队用地	2	5	8	—	—	—
		S9	其他交通设施用地	除以上之外的交通设施用地，包括教练场等用地	2	2	2	—	—	—
U	公用设施用地	U1	供应设施用地	供水、供电、供燃气和供热等设施用地	30	35	40	—	—	—
		U2	环境设施用地	雨水、污水、固体废物处理和环境保护等的公用设施及其附属设施用地	30	35	40	—	—	—
		U3	安全设施用地	消防、防洪等保卫城市安全的公用设施及其附属设施用地	30	35	40	—	—	—
		U9	其他公用设施用地	除以上之外的公用设施用地，包括施工、养护、维修设施等用地	30	35	40	—	—	—
G	绿地	G1	公共绿地	向公众开放，以游憩为主要功能，兼具生态、美化、防灾等作用的绿地	1	1	1	—	—	—
		G2	防护绿地	城市中具有卫生、隔离和安全防护功能的绿地，包括卫生隔离带、道路防护绿地、城市高压走廊绿带等	1	1	1	—	—	—
		G3	广场用地	以硬质铺装为主的城市公共活动场地	2	3	5	—	—	—

附表二 新型城镇化配电网建设效果评价指标计算方法

关键评价指标							二级指标权重				
一级指标	二级指标	指标单位	指标属性	计算方法：差异化评分标准		计算方法：计算公式	工业主导型	商业贸易型	旅游开发型	农业主导型	综合型
电网结构	110(66)kV配电网标准化结构占比	%	正向指标	该指标针对各类供电区域标准相同，$a=80$		$y=\begin{cases}0 & x<a\\ \dfrac{100}{100-a}(x-a) & a\leqslant x\leqslant 100\end{cases}$	0.2	0.2	0.2	0.2	0.2
	10kV 线路分段合理率	%	正向指标	该指标针对各类供电区域标准相同，$a=80$		$y=\begin{cases}0 & x<a\\ \dfrac{100}{100-a}(x-a) & a\leqslant x\leqslant 100\end{cases}$	0.3	0.2	0.1	0.1	0.2
	10kV 线路联络率	%	正向指标	A	$a=98$	$y=\begin{cases}0 & x<a\\ \dfrac{100}{100-a}(x-a) & a\leqslant x\leqslant 100\end{cases}$	0.2	0.3	0.3	0.2	0.2
				B	工业主导型及商业贸易型：$a=95$ 旅游开发型：$a=90$ 综合型：$a=92$						
				C	工业主导型及商业贸易型：$a=90$ 旅游开发型：$a=85$ 特色农业型：$a=80$ 综合型：$a=85$						
				D	旅游开发型：$a=80$ 特色农业型：$a=70$ 综合型：$a=75$						

续表

关键评价指标							二级指标权重				
一级指标	二级指标	指标单位	指标属性	计算方法			工业主导型	商业贸易型	旅游开发型	农业主导型	综合型
				差异化评分标准		计算公式					
电网结构	10kV 线路平均供电半径	km	适度指标	A	$a=0$，$b=2$	$y=\begin{cases}100 & x\leqslant a\\ 100-\dfrac{100}{b-a}(x-a) & a<x\leqslant b\\ 0 & x>b\end{cases}$	0.2	0.2	0.2	0.2	0.2
				B	工业主导型及商业贸易型：$a=0$，$b=2$ 旅游开发型：$a=0$，$b=3$ 综合型：$a=0$，$b=2.5$						
				C	工业主导型及商业贸易型：$a=2$，$b=4$ 旅游开发型及特色农业型：$a=3$，$b=5$ 综合型：$a=3$，$b=4.5$						
				D	旅游开发型：$a=5$，$b=12$ 特色农业型：$a=5$，$b=15$ 综合型：$a=4.5$，$b=13$						
	220/380V 线路平均供电半径	m	适度指标	A	$a=0$，$b=120$	$y=\begin{cases}100 & x\leqslant a\\ 100-\dfrac{100}{b-a}(x-a) & a<x\leqslant b\\ 0 & x>b\end{cases}$	0.1	0.1	0.2	0.3	0.2
				B	工业主导型及商业贸易型：$a=120$，$b=200$ 旅游开发型：$a=150$，$b=250$ 综合型：$a=120$，$b=220$						
				C	工业主导型及商业贸易型：$a=200$，$b=350$ 旅游开发型及特色农业型：$a=250$，$b=400$ 综合型：$a=220$，$b=380$						
				D	旅游开发型及特色农业型：$a=400$，$b=500$ 综合型：$a=380$，$b=450$						

续表

关键评价指标						二级指标权重				
一级指标	二级指标	指标单位	指标属性	计算方法		工业主导型	商业贸易型	旅游开发型	农业主导型	综合型
				差异化评分标准	计算公式					
供电能力	110(66)kV变电容载比	无	适度指标	该指标针对各类供电区域标准相同，$a=1.8$，$b=2.2$	$y=\begin{cases}\frac{100}{a}x & x<a\\ 100 & a\leqslant x\leqslant b\\ \frac{100}{a}b & x>b\end{cases}$	0.15	0.1	0.1	0.1	0.1
	35kV变电容载比	无	适度指标	该指标针对各类供电区域标准相同，$a=1.8$，$b=2.2$	$y=\begin{cases}\frac{100}{a}x & x<a\\ 100 & a\leqslant x\leqslant b\\ \frac{100}{a}b & x>b\end{cases}$	0.15	0.1	0.1	0.1	0.1
	110(66)kV配电网N–1通过率	%	正向指标	针对A、B、C类供电区域，$a=100$ 针对D类供电区域：工业主导型、商业贸易型及旅游开发型$a=100$农业主导型及综合型$a=90$	$y=\begin{cases}0 & x<a\\ 100 & a=x\\ \frac{100}{100-a}(x-a) & x>a\end{cases}$	0.1	0.15	0.1	0.1	0.15
	35kV配电网N–1通过率	%	正向指标	针对A、B、C类供电区域，$a=100$ 针对D类供电区域：工业主导型、商业贸易型及旅游开发型$a=100$农业主导型及综合型$a=90$	$y=\begin{cases}0 & x<a\\ 100 & a=x\\ \frac{100}{100-a}(x-a) & x>a\end{cases}$	0.1	0.15	0.1	0.1	0.15

续表

<table>
<tr><td colspan="7">关键评价指标</td><td colspan="5">二级指标权重</td></tr>
<tr><td rowspan="2">一级指标</td><td rowspan="2">二级指标</td><td rowspan="2">指标单位</td><td rowspan="2">指标属性</td><td colspan="3">计算方法</td><td rowspan="2">工业主导型</td><td rowspan="2">商业贸易型</td><td rowspan="2">旅游开发型</td><td rowspan="2">农业主导型</td><td rowspan="2">综合型</td></tr>
<tr><td colspan="2">差异化评分标准</td><td>计算公式</td></tr>
<tr><td rowspan="6">供电能力</td><td>10kV 线路 N-1 通过率</td><td>%</td><td>正向指标</td><td colspan="2">针对 A、B、C 类供电区域，$a=100$
针对 D 类供电区域：工业主导型、商业贸易型及旅游开发型 $a=100$ 农业主导型及综合型 $a=90$</td><td>$y=\begin{cases}0 & x<a \\ 100 & a=x \\ \frac{100}{100-a}(x-a) & x>a\end{cases}$</td><td>0.1</td><td>0.2</td><td>0.3</td><td>0.2</td><td>0.2</td></tr>
<tr><td>户均配变容量</td><td>kVA/户</td><td>正向指标</td><td colspan="2">工业主导型、商业贸易型及旅游开发型 $a=2.4$
农业主导型：$a=2$
综合型：$a=2.2$</td><td>$y=\begin{cases}\frac{100}{a}x & x\leqslant a \\ 100 & x>a\end{cases}$</td><td>0.2</td><td>0.1</td><td>0.2</td><td>0.3</td><td>0.15</td></tr>
<tr><td rowspan="4">110(66)kV 或 35kV 线路最大负载率平均值</td><td rowspan="4">%</td><td rowspan="4">适度指标</td><td>A</td><td>$a=40$，$b=50$</td><td rowspan="4">$y=\begin{cases}\frac{100}{a}x & x\leqslant a \\ 100 & a<x\leqslant b \\ 100-\frac{100}{100-b}(x-b) & x>b\end{cases}$</td><td rowspan="4">0.2</td><td rowspan="4">0.2</td><td rowspan="4">0.1</td><td rowspan="4">0.1</td><td rowspan="4">0.15</td></tr>
<tr><td>B</td><td>$a=40$，$b=60$</td></tr>
<tr><td>C</td><td>$a=30$，$b=60$</td></tr>
<tr><td>D</td><td>$a=30$，$b=70$</td></tr>
<tr><td rowspan="2">供电质量</td><td rowspan="2">供电可靠率</td><td rowspan="2">%</td><td rowspan="2">正向指标</td><td>A</td><td>工业主导型：$a=99.990$
商业贸易型：$a=99.994$
旅游开发型：$a=99.992$
综合型：$a=99.992$</td><td rowspan="2">$y=\begin{cases}0 & x<a \\ \frac{100}{100-a}(x-a) & a\leqslant x\leqslant 100\end{cases}$</td><td rowspan="2">0.4</td><td rowspan="2">0.5</td><td rowspan="2">0.4</td><td rowspan="2">0.3</td><td rowspan="2">0.4</td></tr>
<tr><td>B</td><td>工业主导型:$a=99.966$
商业贸易型：$a=99.971$
旅游开发型及综合型：$a=99.970$</td></tr>
</table>

续表

关键评价指标							二级指标权重				
一级指标	二级指标	指标单位	指标属性	计算方法			工业主导型	商业贸易型	旅游开发型	农业主导型	综合型
				差异化评分标准		计算公式					
供电质量	供电可靠率	%	正向指标	C	工业主导型：$a=99.897$ 商业贸易型：$a=99.954$ 旅游开发型：$a=99.943$ 特色农业型：$a=99.897$ 综合型：$a=99.926$	$y=\begin{cases}0 & x<a\\ \frac{100}{100-a}(x-c) & a\leqslant x\leqslant 100\end{cases}$	0.4	0.5	0.4	0.3	0.4
				D	旅游开发型：$a=99.886$ 特色农业型：$a=99.829$ 综合型：$a=99.863$						
	综合电压合格率	%	正向指标	A	$a=99.97$	$y=\begin{cases}0 & x<a\\ \frac{100}{100-a}(x-a) & a\leqslant x\leqslant 100\end{cases}$	0.4	0.3	0.4	0.4	0.3
				B	$a=99.95$						
				C	$a=98.79$						
				D	$a=97.00$						
	“低电压”用户数占比	%	逆向指标	A	$a=1$	$y=\begin{cases}\frac{100}{a}(a-x) & x\leqslant a\\ 0 & x>a\end{cases}$	0.2	0.2	0.2	0.3	0.3
				B	工业主导型及商业贸易型：$a=1$ 旅游开放型及综合型：$a=2$						
				C	工业主导型及商业贸易型：$a=2$ 旅游开发型：$a=3$ 特色农业型：$a=5$ 综合型：$a=4$						

续表

一级指标	二级指标	指标单位	指标属性	计算方法			二级指标权重				
				差异化评分标准		计算公式	工业主导型	商业贸易型	旅游开发型	农业主导型	综合型
供电质量	“低电压”用户数占比	%	逆向指标	D	旅游开发型：$a=4$ 特色农业型：$a=6$ 综合型：$a=5$	$y=\begin{cases}\frac{100}{a}(a-x) & x\leqslant a\\ 0 & x>a\end{cases}$	0.2	0.2	0.2	0.3	0.3
装备水平	配电网老旧设备占比	%	逆向指标	A	工业主导型、商业贸易型及旅游开发型：$a=1$ 综合型：$a=2$	$y=\begin{cases}\frac{100}{a}(a-x) & x\leqslant a\\ 0 & x>a\end{cases}$	0.15	0.2	0.15	0.15	0.15
				B	工业主导型及商业贸易型：$a=4$ 旅游开发型及综合型：$a=5$ 农业主导型：$a=7$						
				C	工业主导型及商业贸易型：$a=8$ 旅游开发型及综合型：$a=10$ 农业主导型：$a=12$						
				D	工业主导型及商业贸易型：$a=12$ 旅游开发型及综合型：$a=15$ 农业主导型：$a=20$						
	严重或异常状态的设备占比	%	逆向指标	A	$a=0$	$y=\begin{cases}\frac{100}{a}(a-x) & x\leqslant a\\ 0 & x>a\end{cases}$	0.2	0.15	0.15	0.15	0.15
				B	工业主导型及商业贸易型：$a=3$ 旅游开发型、农业主导型及综合型：$a=5$						
				C	工业主导型及商业贸易型：$a=5$ 旅游开发型、农业主导型及综合型：$a=8$						

续表

关键评价指标							二级指标权重				
一级指标	二级指标	指标单位	指标属性	计算方法			工业主导型	商业贸易型	旅游开发型	农业主导型	综合型
				差异化评分标准		计算公式					
装备水平	严重或异常状态的设备占比	%	逆向指标	D	工业主导型及商业贸易型：$a=7$ 旅游开发型、农业主导型及综合型：$a=10$	$y=\begin{cases}\frac{100}{a}(a-x) & x\leqslant a\\ 0 & x>a\end{cases}$	0.2	0.15	0.15	0.15	0.15
	10kV 线路电缆化率	%	适度指标	A	工业主导型：$a=60$，$b=70$ 商业贸易型：$a=70$，$b=80$ 旅游开发型：$a=65$，$b=80$ 综合型：$a=50$，$b=60$	$y=\begin{cases}\frac{100}{a}x & x\leqslant a\\ 100 & a<x\leqslant b\\ 100-\frac{100}{100-b}(x-b) & x>b\end{cases}$	0.1	0.15	0.2	0	0.1
				B	工业主导型：$a=40$，$b=60$ 商业贸易型：$a=50$，$b=70$ 旅游开发型：$a=45$，$b=65$ 综合型：$a=30$，$b=50$						
				C	工业主导型：$a=20$，$b=40$ 商业贸易型：$a=10$，$b=30$ 旅游开发型：$a=20$，$b=45$ 综合型：$a=10$，$b=30$						
				D	工业主导型：$a=10$，$b=20$ 商业贸易型：$a=10$，$b=30$ 旅游开发型：$a=10$，$b=20$ 综合型：$a=5$，$b=10$						
	10kV 架空线路绝缘化率	%	正向指标	A	$a=100$	$y=\begin{cases}\frac{100}{a}x & x\leqslant a\\ 100 & x>a\end{cases}$	0.15	0.15	0.1	0.15	0.15
				B	工业主导型、旅游开发型及综合型：$a=90$ 商业贸易型：$a=100$ 农业主导型：$a=80$						

续表

关键评价指标							二级指标权重				
一级指标	二级指标	指标单位	指标属性	计算方法			工业主导型	商业贸易型	旅游开发型	农业主导型	综合型
				差异化评分标准		计算公式					
装备水平	10kV 架空线路绝缘化率	%	正向指标	C	工业主导型、旅游开发型及综合型：$a=70$， 商业贸易型：$a=80$ 农业主导型：$a=60$	$y=\begin{cases}\dfrac{100}{a}x & x\leqslant a\\100 & x>a\end{cases}$	0.15	0.15	0.1	0.15	0.15
				D	工业主导型、旅游开发型及综合型：$a=50$ 商业贸易型：$a=60$ 农业主导型：$a=40$						
	380/220V 架空线路绝缘化率	%	正向指标	该指标针对各类供电区域标准相同，$a=100$		$y=\begin{cases}0 & x<80\\5(x-80) & x\geqslant 80\end{cases}$	0.15	0.15	0.1	0.2	0.15
	高损配变占比	%	逆向指标	A	商业贸易型及旅游开发型：$a=0.5$ 工业主导型及综合型：$a=1$	$y=\begin{cases}\dfrac{100}{a}(a-x) & x\leqslant a\\0 & x>a\end{cases}$	0.15	0.1	0.15	0.15	0.15
				B	商业贸易型及旅游开发型：$a=1$ 工业主导型、农业主导型及综合型：$a=2$						
				C	商业贸易型及旅游开发型：$a=2$ 工业主导型、农业主导型及综合型：$a=3$						
				D	商业贸易型及旅游开发型：$a=3$ 工业主导型、农业主导型及综合型：$a=4$						

续表

关键评价指标							二级指标权重				
一级指标	二级指标	指标单位	指标属性	计算方法			工业主导型	商业贸易型	旅游开发型	农业主导型	综合型
				差异化评分标准		计算公式					
装备水平	节能型配变占比	%	正向指标	A	工业主导型：$a=70$ 商业贸易型：$a=80$ 旅游开发型：$a=90$ 综合型：$a=80$	$y=\begin{cases}\frac{100}{a}x & x\leqslant a\\ 100 & x>a\end{cases}$	0.1	0.1	0.15	0.2	0.15
				B	工业主导型：$a=60$ 商业贸易型：$a=70$ 旅游开发型及农业主导型：$a=80$ 综合型：$a=70$						
				C	工业主导型：$a=50$ 商业贸易型：$a=60$ 旅游开发型及农业主导型：$a=70$ 综合型：$a=60$						
				D	工业主导型：$a=40$ 商业贸易型：$a=50$ 旅游开发型及农业主导型：$a=60$ 综合型：$a=50$						
智能化水平评价	配电自动化覆盖率	%	正向指标	A	$a=100$	$y=\begin{cases}\frac{100}{a}x & x\leqslant a\\ 100 & x>a\end{cases}$	0.3	0.3	0.3	0.3	0.3
				B	工业主导型及商业贸易型：$a=95$ 旅游开发型及综合型：$a=90$ 农业主导型：$a=85$						
				C	工业主导型及商业贸易型：$a=90$ 旅游开发型及综合型：$a=85$ 农业主导型：$a=80$						

续表

关键评价指标							二级指标权重				
一级指标	二级指标	指标单位	指标属性	计算方法			工业主导型	商业贸易型	旅游开发型	农业主导型	综合型
				差异化评分标准		计算公式					
智能化水平评价	配电自动化覆盖率	%	正向指标	D	工业主导型及商业贸易型：$a=85$ 旅游开发型及综合型：$a=80$ 农业主导型：$a=75$	$y=\begin{cases}\frac{100}{a}x & x\leqslant a\\100 & x>a\end{cases}$	0.3	0.3	0.3	0.3	0.3
	配电通信网覆盖率	%	正向指标	A	$a=100$	$y=\begin{cases}\frac{100}{a}x & x\leqslant a\\100 & x>a\end{cases}$	0.2	0.3	0.3	0.2	0.2
				B	工业主导型及商业贸易型：$a=97$ 旅游开发型及综合型：$a=93$ 农业主导型 $a=87$						
				C	工业主导型及商业贸易型：$a=93$ 旅游开发型及综合型：$a=87$ 农业主导型 $a=83$						
				D	工业主导型及商业贸易型：$a=87$ 旅游开发型及综合型：$a=83$ 农业主导型 $a=78$						
	配变信息采集率	%	正向指标	A	$a=100$	$y=\begin{cases}\frac{100}{a}x & x\leqslant a\\100 & x>a\end{cases}$	0.3	0.2	0.2	0.2	0.2
				B	工业主导型及商业贸易型：$a=100$ 旅游开发型及综合型：$a=97$ 农业主导型 $a=95$						
				C	工业主导型及商业贸易型：$a=97$ 旅游开发型及综合型：$a=95$ 农业主导型 $a=93$						

续表

关键评价指标							二级指标权重				
一级指标	二级指标	指标单位	指标属性	计算方法			工业主导型	商业贸易型	旅游开发型	农业主导型	综合型
				差异化评分标准		计算公式					
智能化水平评价	配变信息采集率	%	正向指标	D	工业主导型及商业贸易型：$a=95$ 旅游开发型及综合型：$a=93$ 农业主导型 $a=90$	$y=\begin{cases}\frac{100}{a}x & x\leqslant a\\ 100 & x>a\end{cases}$	0.3	0.2	0.2	0.2	0.2
	智能电表覆盖率	%	正向指标	A	$a=100$	$y=\begin{cases}\frac{100}{a}x & x\leqslant a\\ 100 & x>a\end{cases}$	0.2	0.2	0.2	0.3	0.3
				B	工业主导型、商业贸易型、旅游开发型及综合型：$a=100$ 农业主导型 $a=95$						
				C	工业主导型及商业贸易型：$a=95$ 旅游开发型及综合型：$a=90$ 农业主导型 $a=85$						
				D	工业主导型及商业贸易型：$a=90$ 旅游开发型及综合型：$a=85$ 农业主导型 $a=80$						
经济效益水平评价	110kV 及以下综合线损率	%	逆向指标	A	$a=2$，$b=3$	$y=\begin{cases}100 & x\leqslant a\\ 100-\frac{100}{b-a}(x-a) & a<x\leqslant b\\ 0 & x>b\end{cases}$	0.2	0.3	0.3	0.2	0.2
				B	$a=3$，$b=4$						
				C	工业主导型、旅游开发型及综合型、商业贸易型：$a=4$，$b=7$ 农业主导型：$a=5$，$b=8$						
				D	工业主导型、旅游开发型及综合型、商业贸易型：$a=6$，$b=9$ 农业主导型：$a=7$，$b=10$						

续表

关键评价指标							二级指标权重				
一级指标	二级指标	指标单位	指标属性	计算方法			工业主导型	商业贸易型	旅游开发型	农业主导型	综合型
				差异化评分标准		计算公式					
经济效益水平评价	10kV 线损率	%	逆向指标	A	$a=2$，$b=3$	$y=\begin{cases}100 & x\leqslant a\\100-\frac{100}{b-a}(x-a) & a<x\leqslant b\\0 & x>b\end{cases}$	0.2	0.3	0.3	0.4	0.2
				B	$a=3$，$b=5$						
				C	工业主导型、旅游开发型及综合型、商业贸易型：$a=6$，$b=8$ 农业主导型：$a=7$，$b=9$						
				D	工业主导型、旅游开发型及综合型、商业贸易型：$a=7$，$b=10$ 农业主导型：$a=8$，$b=11$						
	380V/220V 线损率	%	逆向指标	A	$a=2$，$b=3$	$y=\begin{cases}100 & x\leqslant a\\100-\frac{100}{b-a}(x-a) & a<x\leqslant b\\0 & x>b\end{cases}$	0.2	0.3	0.3	0.4	0.2
				B	$a=3$，$b=4$						
				C	$a=4$，$b=6$						
				D	$a=6$，$b=8$						
	110kV 主变负载率平均值（最大负载率平均值）	%	适度指标	$a=40$，$b=60$		$y=\begin{cases}\frac{100}{a}x & x\leqslant a\\100 & a<x\leqslant b\\100-\frac{100}{100-b}(x-b) & x>b\end{cases}$	0.3	0.2	0.2	0.2	0.3

续表

关键评价指标						二级指标权重				
一级指标	二级指标	指标单位	指标属性	计算方法		工业主导型	商业贸易型	旅游开发型	农业主导型	综合型
				差异化评分标准	计算公式					
经济效益水平评价	35kV 主变负载率平均值（最大负载率平均值）	%	适度指标	$a=40$，$b=60$	$y=\begin{cases}\frac{100}{a}x & x\leqslant a\\100 & a<x\leqslant b\\100-\frac{100}{100-b}(x-b) & x>b\end{cases}$	0.3	0.2	0.2	0.2	0.3
适应性水平	是否完成配电网规划与城市规划的衔接规划	是/否	—	是	$y=\begin{cases}100 & x=是\\0 & x=否\end{cases}$	0.2	0.2	0.2	0.2	0.2
	配电网规划与城市规划的衔接规划是否纳入城乡发展规划和土地利用规划	是/否	—	是	$y=\begin{cases}100 & x=是\\0 & x=否\end{cases}$	0.2	0.2	0.2	0.2	0.2
	分布式电源容量渗透率	%	正向指标	A　$a=2$ B　$a=5$ C　$a=10$ D　$a=20$	$y=\begin{cases}\frac{100}{a}x & x\leqslant a\\100 & x>a\end{cases}$	0.4	0.2	0.2	0.5	0.3

续表

<table>
<tr><th colspan="7">关键评价指标</th><th colspan="5">二级指标权重</th></tr>
<tr><th>一级指标</th><th>二级指标</th><th>指标单位</th><th>指标属性</th><th colspan="3">计算方法</th><th>工业主导型</th><th>商业贸易型</th><th>旅游开发型</th><th>农业主导型</th><th>综合型</th></tr>
<tr><td rowspan="4">适应性水平</td><td rowspan="4">电动汽车充换电设施覆盖度</td><td rowspan="4">个/km^2</td><td rowspan="4">正向指标</td><td>A</td><td>$a=6$</td><td rowspan="4">$y=\begin{cases}\dfrac{100}{a}x & x\leqslant a\\ 100 & x>a\end{cases}$</td><td rowspan="4">0.2</td><td rowspan="4">0.4</td><td rowspan="4">0.4</td><td rowspan="4">0.1</td><td rowspan="4">0.3</td></tr>
<tr><td>B</td><td>工业主导型、旅游开发型及综合型、商业贸易型：$a=5$ 农业主导型：$a=3$</td></tr>
<tr><td>C</td><td>工业主导型、商业贸易型及综合型：$a=2$ 旅游开发型：$a=3$
农业主导型：$a=1$</td></tr>
<tr><td>D</td><td>工业主导型、商业贸易型、旅游开发型及综合型：$a=0.5$
农业主导型：$a=0$</td></tr>
</table>

附表三 新型城镇化配电网建设效果评价权重分配表

新型城镇化类型	电网结构水平权重	供电能力权重	供电质量权重	装备水平权重	智能化水平权重	经济性水平权重	适应性水平权重
工业主导型	0.1	0.3	0.25	0.1	0.1	0.1	0.05
商业贸易型	0.1	0.3	0.2	0.2	0.1	0.05	0.05
旅游开发型	0.2	0.3	0.1	0.1	0.1	0.1	0.1
农业主导型	0.1	0.2	0.1	0.2	0.15	0.15	0.1
综合型	0.15	0.15	0.15	0.15	0.15	0.15	0.1

附图一 新型城镇化配电网实例图例

现有110kV变电站	现有35kV变电站	现有10kV架空线路	规划110kV变电站	规划35kV变电站
现有开关站	现有配电室	现有10kV电缆线路	规划开关站	规划联络开关
现有环网柜	现有分段开关	规划10kV架空线路	规划环网柜	规划分段开关
现有电缆分接箱	现有联络开关	规划10kV电缆线路		